MY DIARY

OF FASHION

ATTITUDE

只想做一个有趣味、会幻想、懂得爱的明媚的人。

四季行装

MY DIARY OF FASHION ATTITUDE

阿丫 作品

ARCTIME 时代出版
时代出版传媒股份有限公司
北京时代华文书局

图书在版编目（CIP）数据

四季行装 / 阿丫著 . -- 北京 : 北京时代华文书局 , 2015.5
ISBN 978-7-5699-0232-7

Ⅰ . ①四… Ⅱ . ①阿… Ⅲ . ①服饰美学 - 普及读物 Ⅳ . ① TS941.11-49

中国版本图书馆 CIP 数据核字 (2015) 第 076112 号

四季行装

著　　者 | 阿　丫

出 版 人 | 田海明　朱智润
选题策划 | 李凤琴
责任编辑 | 陈丽杰　李凤琴
装帧设计 | 程　慧
内文版式 | 王　琛
部分图片摄影 | F　ROCOCO
责任印制 | 刘　银　范玉洁

出版发行 | 时代出版传媒股份有限公司 http://www.press-mart.com
北京时代华文书局 http://www.bjsdsj.com.cn
北京市东城区安定门外大街 136 号皇城国际大厦 A 座 8 楼
邮编：100011　电话：010－64267955　64267677
印　　刷 | 北京顺诚彩色印刷有限公司　010－69499689
（如发现印装质量问题，请与印刷厂联系调换）
开　　本 | 880×1230mm　1/32
印　　张 | 7.5
字　　数 | 250 千字
版　　次 | 2015 年 7 月第 1 版　　2015 年 7 月第 1 次印刷
书　　号 | ISBN 978-7-5699-0232-7

定　　价 | 36. 80 元

目录
contents

目录
contents

序 preface

落在衣裳上的真性情

在这个城市里，很多人都知道，阿丫攒的局，颜值极高。无论是主题趴，还是闺蜜小聚，姑娘们赴约，总会在穿着打扮上额外地花上一些心思。而这些心思，当真也不会空掷，因为阿丫，一定会在第一时间，看懂。而看懂的，往往不仅仅是V领处的一点点蕾丝点缀、直身款娃娃白衬衣外的一枚Vintage金色胸针，或者悬在手腕间细若游丝的金色首饰，更有落在这些上面的那些城市女子吉光片羽般的真性情。

阿丫的第二本书，依然关于穿，只是这一次，多了与日子有关的情绪，多了很多原本以为她会藏得很深的真性情。关于老友、关于搭档、关于欣赏的女子,也关于一些都市女子都会遇到的曲折爱情，都被阿丫以衣服为节点，在一条伞裙、一件白衫、一双闪闪的尖头高跟鞋中道出其中关窍。

照片里一日一日的搭配,就像一天一天的心情、一次一次的际遇，看起来不同，但归到深处，总有些相似的东西在。该勇敢的一直勇敢，该天真的始终天真，真的不是每一个30+的女子，都有模糊看世界，笔直对自己的勇气与能力。如果你是对衣服有态度的人，如果你是可以清醒地回望内心的人，如果你在世事中有那么一些倔强和不肯屈就，看阿丫的这本文字，或许就可以看见自己。实际上，面对一橱子的衣服，一场看不清未来的感情，谁又不曾挣扎过呢。

阿丫是个时髦的女子。但想时髦，是需要功夫的，并不是看两眼时尚杂志，就能够信手拈来。时髦，要得是见识的积累。顶级的秀场、经典的影片、名媛名模的街拍，阿丫的眼界在这本书里都可以看到影子。阿丫的文字，不是名利场浮光掠影的一时繁华，更像是朋友聚会的一些掏心掏肺的建议。牛仔衣怎样能穿得摩登又帅气；宽袍大袖如何能既有态度又文艺；如何用一条飘带让自己看起来又亲和又俏皮……穿着，要天时地利人和，不是每个人都有天生的悟性与后天的努力，而提升穿衣的段位，看高手的搭配，也算是一条捷径。

从一个狮子座的夏天，到下一个，完完整整的365天，阿丫"结衣记事"，书中那些衣装的搭配与事、与人互相提携着，相映成趣。往事也因此有了款式、有了颜色、有了格调，有了风骨。

月亮散落的光，隔岸观着的火，心里藏着的人，都像是自己对自己动的感情。还有那些散落在衣裳上的真性情，谁说不是一个女子对自己、以及身边相似女子的珍视。

米苏

自序

author's preface

我很爱的一位时装评论人，已故的黎坚惠小姐，曾在她的《时装时刻》里，拍下某段时间里的每一天所穿。这一行为，当年影响了一大票喜欢衣服、喜爱黎小姐的时尚动物，应该说，我也是其中一员。于是，某日，当我那八五后女友跟我说起Instagram，并推荐一位国外女孩的每日拍相册给我看时，不由得，我起心动念了。

一个女人与衣服之间的爱恨情仇，有时候与爱情不相上下，甚至更甚。而当我任着性子一股脑记录完一整年的穿着后，回头再看，我是写了多少看似与衣服有关又无关的事儿啊：为了某个看重的约会，穿起不漏讯息的小黑裙，对面那位先生，会怎么想；因为十年一聚的老友聚会，穿一身蓝，同时搭上一条安迪·沃霍尔的丝巾，觉得这样才和老友们闷骚又文艺的气质配得上；遇见一个夏姿陈小姐，莫名觉得我们在某些方面非常像，于是对她很爱也很疼；游历他国，非要应时应景，穿自以为是对了的衣裳，然后，你说会有艳遇吗……

和出版社的李小姐说，这不是一本单纯的时装日记了。衣服只是一点，更多的，是女人的生活。其实想想，这样的结局也合情合理。毕竟，对女人而言，最关注的是什么？当然是爱。无论这爱里包裹着什么，亲情之爱、友谊之爱、男欢女爱……我们爱衣服，说穿了，其实不就是爱自己，爱我们的生活。

当一个人对衣服的每一个细节，每一次配搭，每一层风骨都看出了寓意，会情不自禁地将这种寓意投射到生活的点滴。合心情穿衣，合场景穿衣，合不同的人带给你的内心波动穿衣……更说不尽，那其中夹杂着多少的欲诉还休、欲擒故纵、情投意合、惺惺相惜了。一如我的死党 Ryan 大爷所言：侬本多情，衣服知道。

于是，就有了您手上的这本。记录一年的穿搭，从彼时的 8 月 19 日，我的生日，到来年的 8 · 19。一年下来，由衣服引发的记录，变成我这一年的成长书。当然，我微不足道，我只是中国都市女人中的普通一员，三字头，单身，在一本时尚杂志做副主编。写此书的时候，刚刚结束一段为期五年的爱情。是的，就是这样一个我，是不是也是城中大多女人的缩影。

生活多好啊。你瞧，我们有自己，有闺蜜，有来来往往的过客，有那些外人看来没用，却给自己带来无限喜悦感、无尽满足感的衣裳……这些都是人生大慰藉。一年时装书，记录下一年成长。希望看书的你，能从中看到自己，看到我的真情，看到你我彼此都懂得的心悦、心慌、心安。

阿丫

chapter 1 心无牵挂了无痕

MY DIARY

OF FASHION

ATTITUDE

8.19

定下目标，说到做到。今天起，8 月 19 日，记录自己每天的行头，把她们拍下来，以兹纪念。今天，是 Coco Chanel 的生日，同时，也是我的。我，阿丫，三字头，单身，刚刚结束一段为期五年的恋情。至于原因，只想用爱情败给了时间来总结，其他，不讲。

各位看家，我不是多么细心灵巧的人，衣服摆的歪扭，照片拍的拙劣，还请见谅，莫笑莫笑。

阿丫

我写下一千一万句感慨，可是，无法送达，无从寄出……

1分钟前

8.21

起的早。5点多钟，阳光已经射进来，又是一个大晴天。

躺在床上盘算着下午的读书会。这家唤作良友的书坊执行总监冷女士，是位知性且优雅的人。短发，戴眼镜，写得一手好文章，喜欢穿简练的修身连衣裙。要说，人和人的相处是讲缘分的，尽管她走低调路线，但同道中人一眼便能从细节处找到共鸣，比如戴在脖颈间的珍珠项链，再有手指上被她随意拨弄的独角兽戒指。

为这场书会的行头已经盘算多时了。不是什么大型的签售，也就无需穿什么小黑裙小白裙。最近迷上了长裙，那条Topshop的拼纱伞裙带着点小复古，应对今天的场合，挺恰当。一双棕色鱼嘴小高跟，与这通身的海蓝色，也算和谐。

这伞裙近来好红。要搁几年前，它是多么不招人待见的东西。显胖，老气，年轻女孩们更喜欢穿铅笔小超短，熟女们则钟情于那些能遮挡赘肉的铅笔裙、A字裙，至于伞裙，穿过的都知道，女人们日积月累在腰上和胯上的

赘肉，在它那里，无处遁形。

可偏偏，时尚的风呼啦啦一吹，这伞裙就卷土重来了。伞裙是上世纪五六十年代女人们的宠儿。经典的镜头来自《罗马假日》里的奥黛丽·赫本，剪短头发的公主，穿白衬衣，搭过膝伞裙，脖间还有一根小丝巾，那份活泼俏丽迷住了格里高利·派克，也迷住了全世界的电影迷。金牛座的赫本好瘦啊，常年保持着一尺八的腰围，穿这衬衫与伞裙的组合，也是空空荡荡的，在我看来，这也正是瘦子们穿伞裙的优势所在，身形清爽，为伞裙平添了不少的空灵感。

伞裙更标准的长相要属格蕾丝·凯莉的《后窗》。尚未做王妃的凯莉，已经是高贵女神，在这部希区柯克著名的电影里扮演一位时尚从业者。其中一幕，她穿黑色紧身上衣，配花朵伞裙，脖颈间，一串晶莹圆润的珍珠项链，对，就是这一幕，永久定格。到如今，你会发现，前方有 Dior 的翻新 Look，后方有我国一众设计师的模仿，而那鼻祖，则是凯莉的这身行头。

相较赫本的俏丽，格蕾丝·凯莉的这种优雅味道更贴近伞裙精神。如今愈发觉得，女人嘛，还是有些肉的好，前凸后翘，又不那么的充满负担，玲珑，说的就是这回事。而论及搭配，凯莉的这种紧身衣搭伞裙的方法延续至今，仍是大家的首选，尤其那些身材傲人的姑娘们，将小蛮腰露出来，再化个唇红齿白的妆，名伶感顿显。很多明星、It Girl 喜欢以这样的造型出现在公众面前，毕竟是公众人物，人家浮夸一点，“妖孽”一点都不过分，而这样的扮相若用在日常，起码在我，就不自在了。

平日里，能够自顾自的美着，还不戳瞎对方双眼的，才是好。前几日在香港，夜色里的中环，与一位张相颇似陈慧珊的女士擦身经过，中长发的她，穿浅蓝色制服衬衫，搭一条白色硬挺伞裙，脚上宝蓝色的 Roger Vivier 矮跟鞋和手里那只玫红色的 Dior Lady 将原本素净的一身提升几个 Level。

虽只是匆匆一瞥，你却能看清她身上的摩登味道，那条复古伞裙，慵懒着垮在腰间……瘦真是好啊，这看上去没有几斤几两的，穿衣服，有腔调。

»8.24

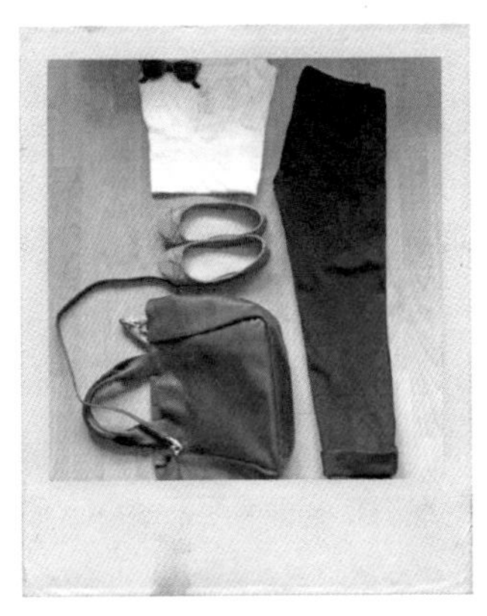

做过时尚杂志的都知道，拍服装片不是舒坦活儿，你要像搬运工一样借、还衣服，你还要承担拍摄过程中衣服损坏弄脏之类的风险，要为现场出现的任何突发事件负责……

既然重任在肩，自然是轻装上阵了。那身Gap买来之后还未集体亮过相，墨蓝色的裤子裤型很赞，虽是休闲裤，却也充满着我喜欢的西装裤元素，用它搭那双新入手的桃粉色平跟鞋，很合适。

一直以来，我对一种现象颇沮丧，男孩女孩们很容易被花哨、夸张的东西吸引眼球，却对那些看上去舒适、简练的东西视而不见。

可平心想，几年前，我不也是如此。那时候，我喜欢小日本的波点裙，喜欢性感的紧身连衣裙，喜欢深V领的显瘦小上衣……觉得那些才是时髦物。至于那些美国式的休闲，毫无特色嘛。总之就是三个字：瞧不上。

不想说时间久了，化繁为简之类的话。这听上去很老气，可事实却的确如此。如今的我，不喜欢那些一眼望穿的时髦。虚张声势的浮夸啊，或者是充满心机的营造，都让我觉得做作又辛苦，活像个挖空了心思去扮高端的屌丝。

有些时候，并非衣服不好看，只是穿在自己身上有着这样那样的不和谐。和谐，一个太博大精深的词儿了。要达成这种穿衣上的和谐，是穿衣的高境界。

我更爱看自己穿戴清爽的样子。简单不叨叨的 Gap 逐渐成了心头好。很赞那些基本款的裤装，我穿牛仔裤是不灵的，却喜欢他家那些制服感的裤子。还有那种传统经典的棉布连衣裙，几年前，此地还没开 Gap 的时候，去日本，买下一条卡其色吊带深 V 棉布裙，就是很多欧洲姑娘夏天常穿的式样，简单的很地道、很老练，也有健康的性感在；另外一条是在香港出差时，为应对室内那冷到不像话的室温而买下的长袖蓝色衬衫裙，沉静的墨蓝色、柔软的布料、简洁的衬衫款式，没有一丝的累赘，在我看，它是可以穿上一辈子的裙装。

这简洁又舒服的美式大休闲，比起那些正襟危坐的矜贵衣裳耐看太多，也自在太多了，假如把后者比作法餐、意餐，那么前者就是家常烧，是妈妈料理了。这像米饭，似白粥的劲儿，想来，也会细水长流吧。

»8.26

阿丫

灰色，让无所事事的一天，从装扮平平淡淡的自己开始。可以让穿着它的人，与街道，人群，氛围和谐地融为一体。只要穿灰色，无论何时都能回到素颜，自信满满地说：这就是我。
——菊池京子

1分钟前

▸▸8.28

想想，是件挺矛盾的事儿。

如今一边试着让自己宽容再宽容，一边又愈发地知道，究竟怎样的人才和我聊得来。朋友越来越多，喜欢的却只那几个……那多是些有着赤子心的男人和女人，与年龄无关，与内心底子上的东西有关。

一如我的闺蜜 Green，做事雷厉风行，自家公司办得风生水起，而面对爱情，她又是个再纯真不过的人。几次三番之后，她发感慨：我们习武之人很需要儿女私情，我们习武之人拘泥于世俗礼法。我们习武之人经常会老泪纵横，我们习武之人很害怕浪迹天涯……就是这样一个伶俐能干的女汗纸，内心却住着一个干净孩童。她会时不时的做自我反省，现在的自己是“明知世故，故作天真”；她感慨于天真不在，外表却显得柔软知趣，而当年那个动不动要横、动不动就动真气的少年，在她看来更真挚、更可爱。

就是这样一个喜欢自我批判的人，被我称作少有的纯情派报告。也正因此，我乐于和她做蜜友，跟着她“想唱就唱”，实施各种奇谈怪想。亦或者，比如今天，就我俩，筹划一场郊游，带着满满一后备箱的吃食，到草地上，撑起帐篷，摆开战场……两个人无论如何也吃不完的水果酒水啊，不为吃，单为营造一种丰盈热闹的气氛，然后，两个半大不小的人儿，喝着小酒，拉着小呱，看看书，睡大觉……

身在闹市，偷得浮生半日闲，且还用如此兴师动众的方式……这无论如何唯有充满孩童气息的女人才能想得到、做得出。

已有半年未见她了。今年，她生意扩展，跑到外地开分公司，我们更多的是 QQ 留言。内容也多是工作上的出谋划策。已经过了讨论爱情的阶段。两个同为爱情上不甚灵光却又特把它当回事儿的人，爱情观早已达成了一致，至于如何去收获，Green 说，我们要做更好的自己，然后，静待真命到来。

“总不能让自己不堪了，连自己都不喜欢自己了，到那时，即便真命天

子降临，咱也拿不下。所以，要好好修行，要美美的，要有品味，要接地气，要能赚钱，通情达理，游刃有余……”

我不知那些已经拿下了“真命”的女人是否也如此，隐隐觉得那似乎是不同的两套程序。可必须说，我很爱 Green 说的这一套，很直楞，很干净的样子。

微信上朋友感慨，如今，我们逐渐变成了我们想找的那个人，可那个人却迟迟不来。看看 Green，呃……这么好的女纸，不也正在变成她心里想找的那个人，唏嘘。

说说我俩精心营造的这场二人聚吧。吃喝很重要，拉呱很重要，造型自然也要搞一搞。前几天，参加某奢侈品的活动，遇见一位穿小黑裙、头上系一条丝巾做发带的女孩，不温不火的举止，与这考究的一身颇融合。瞬间，我那扎发带的心思就被点燃了。

幸好有 Green 攒了这个局，于是，我兴冲冲将一条淡黄色的小丝巾折几道绑在头上，配我的 V 领白裙。问：是不是有些矫情？ Green 说不会啊，好看，像上世纪 50 年代的女子。

忘记是聊了多久，在小酒的助力下，竟然睡着了，身边躺着一位日本作家的畅销书：然后，我就一个人了。

两个女单身汉，自得其乐，怡然自得。那话怎么说来着，闺蜜如手足。

9.1

一早从东城赶往西城，参加一位旅法多年的油画家的画展开幕式，一个文艺腔十足的地方，城里艺术界、文化界的大佬、菜鸟们都会到场，自己也该跟着沾点文化味。思前想后，决定穿起一身白。

大夏天的，我特别爱穿白色。其他时候却不会。

有姐妹儿喜欢在隆冬时候穿白裤，像《瑞丽》杂志上那些优雅的熟女模特一样，着实好看。可穿到我身上，无论外在，还是心里，都是百分百的难接受。显腿粗啊，太扎眼啊，虽然在穿衣方面自认是个内心强大的人，可这样一点点的“越界”，在我看来，就是杀无赦。

大热天的则超爱白。或许是变着法儿的要将压抑三季的白色情结统统拿出来释放，不知不觉间，就买下了无数条白裙。打开衣橱，白花花的，竟找不到太多别的颜色。

不同的白有不同的性格，不同质感的白也同样有着不同的态度。

一般会买那种像被漂白过的本白色。原白色则多被我挡在门外。亚洲人偏暗泛黄的肤色穿这原白色很挑战，每次穿，每次都会让我显得没精打采，本白色就不会，抬肤色，显高级。穿上这样的一身白，人也跟着洋气起来。

不同的白有不同的性格，不同质感的白也同样有着不同态度。一身垂坠感很强的厚重本白色，摩登中透出大气，变成棉麻质地，则又是另外一回事，文艺青年 Feel 跃然纸上，且还飘出一些的仙风道骨来。皮肤白皙的白富美们，更爱香槟白。真丝面料，轻柔有光泽，一件宽松衬衫，搭配同样肥肥垮垮的白色长裤，身材高挑的人啊，穿起来，有种让屌丝们看了顿时黏儿菜的劲儿。

虽说知道这一身白色好看，但对于低调太久、初来乍到穿白色的人来说，想来会感觉不自在吧。假若真如此，那我建议你在一身白的外面选一件相近颜色的外衣做“掩护”（比如淡绿或者粉蓝），视觉上有了柔和的过渡，人也会跟着从容很多。

抑或者，像我今天这样。一件白底图案 Tee 与白色半裙搭一套，依然是纯白好态度，却能借助那点黑色图案，降低视觉上的锐度，毕竟穿衣还是让自己舒服最重要，否则，哪还有什么姿态可言，别扭啊！

▸▸9.8

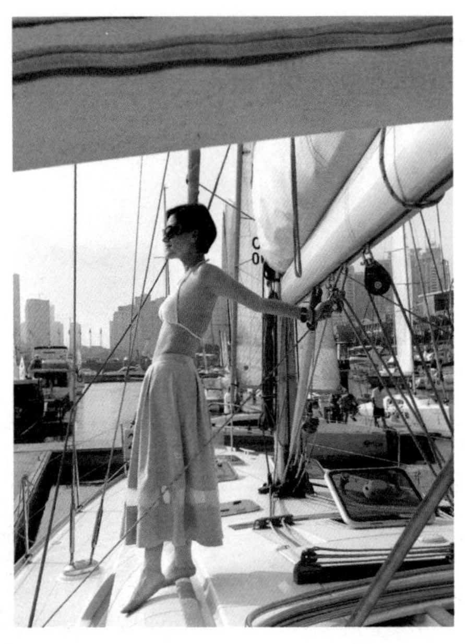

芝华士做比基尼派对，在海上。

说个题外话。我是没有多少酒量的人。最近却爱上了洋酒。大伙喜欢的红酒我喝不了，每喝必伤胃。却超爱度数高，味道独特的威士忌、白兰地们。

品牌做这种洋派活动，一般都是北京、上海的公关公司空降过来全权执行，也正因此，活动搞得蛮时髦。

上海的Jeff头回见，之前经常在QQ、微信里联络。那是个开朗爱运动的男子，有着漂亮的肌肉，很屌的表情。穿一条桃粉色暗花沙滩裤，赤裸上身，迷人的鬓角，还有右胳膊上的文身，典型的海派潮男，说起话来彬彬有礼的，保持着大多公关特有的台湾腔，且不管他真正来自哪里。

时尚界就是这么虚幻，美丽的大肥皂泡，美丽的大舞场，你无需追根究底，对方是不是真的台湾、香港人，你也不用在意对方的取向几何，这些有关系吗？某种程度上说，时尚动物们真是世界上最简单的物种，漂亮万岁，时髦有理……至于其他，那些勾心斗角，耍手段、玩心计，大多数的时尚动物玩不转。

太爱自己了，哪还顾得上去琢磨别人。

有酒精，有 DJ，有海风，有游艇，有型男，有美女……青岛的这个时候真是好。全城的时髦分子都来了。偌大的公主号，走几步就会遇到熟人。矜持的国人们如今愈发习惯起这种西式派对，没有接二连三的节目，就是散漫的聊聊天喝喝酒，谈谈情跳跳舞。

计划着穿刚买的军绿色比基尼，突然想到，应该是模特满天飞的地方，在麻豆堆里，我还是收敛一些为好。比基尼换成白色，搭之前穿过的那条蓝色裙，天蓝蓝的蓝啊，上回参加书会时穿过，然后就再也没动，觉得太嫩太不真实了。

今天，跑到大海上，The Big Blue，嗯，正对路，走起！

阿丫

生命要浪费在美好的事物上，体重要浪费在美味的食物上，银子要浪费在喜欢的东西上，浪漫要浪费在心仪的人身上……

1分钟前

chapter 2 想和你去吹吹风

MY DIARY
OF FASHION
ATTITUDE

9.16

照例，6点钟自然醒。一眼瞥见衣架上那件黑色的真丝大袍。晚上要参加“双立人”的活动，从办公室直奔现场的我，肯定是没时间换衣了，索性穿起它，然后用一双银色高跟鞋，搭那条久未露面的麦昆银黑色围巾。一点点的小华丽，应对晚上的活动，足够。

说到这宽袍大袖般的裙子，亲，你有类似的吗？此门类里，毁人不倦者太多，而那些看上去质朴洒脱的宽袍大袖们，被一众文艺女子奉若神灵。殊不知，很多时候，它是那么的难穿。尤其是棉麻质地的，除非你生的肤若凝脂，天生美人胚子，再或者是像三毛一样有着某种置身世外的仙人气质，否则，它只会突显主人家粗糙的皮肤质地。一不精细，二不洒脱的女人，还有什么好说的呢，没得混啊！

却也不是说它就真的是十恶不赦。甚至，很多时候我会在那些腔调十足又摩登大气的袍子面前全无自控力。太着迷于那种瘦削与肥坨的视觉反差了。

肥肥的衣服下面，若隐若现腰身，微微露出纤细的胳膊和腿……嗯，这身体与衣裳间的暧昧游戏，比紧绷起来给你看，更吸引。

而这宽袍大袖被人诟病的原因，大仙儿气太重是“七宗罪”之首。也正因此，你在选择衣服款式和搭配上都要慎之又慎。淘宝上有些卖“大仙儿装”的文艺店家生意奇好无比，这让热爱时尚的人会匪夷所思。旁敲侧击地打探过去，得知这些店家的拥趸大多来自一些传统、严谨的行业，许是被朝九晚五的工作归整的时间太久了，内心里的小火苗也跟着蹭蹭往外蹿。

可必须说，亲们，切记物极必反啊，要用这宽袍大袖表达态度自然没问题，但请先选好了款式再说。它最好是件质地精良的衣服，做工材质上的精细会中和掉那隐约可见的邋遢感（艺术家们做邋遢扮相那是自然和谐的，我等凡夫俗子还是算了吧）。在我看来真丝面料会比棉麻更好穿也更加的女人，若真要穿棉麻，也请选择质地细腻的棉麻吧，女士们，即便您那么想做意见领袖，细腻感还是要有的，否则，时间久了，我敢保证，连自己都会不喜欢镜子中的自己。

同样热爱宽袍大袖大仙儿装的我，对 COS 品牌那种肥坨又摩登的式样颇认同。在我看来，能把宽袍大袖做成南锣鼓巷 Feel 只是初级阶段，真正将它做成三里屯 Village 北区 Style，那才算晋级。

这方面 COS 就显得明智很多，热爱文艺，又不被文艺冲昏头脑，做定那个精明的现代女人。爱自己，有人爱，尺度拿捏很重要，有时候，我真心觉得，那种宽袍大袖大仙儿装的拥趸们，是不是走火入魔了，或者是内心里抱怨无人欣赏的时间太久，于是不自觉的自顾自……

北欧的艺术家们其实更加的“走火入魔”。只是她们保持着当地长期低温下的审美好格调，她们做出的宽袍大袖们也是文艺腔与时髦感兼备。丝绵质地，轻柔质感，廓形看似是全球统一号的肥大，仔细瞧，细节处天差地别……

如此这般，既彰显了自家态度，又不自我隔绝的，是正解。

›› 9.20

“非诚勿扰”里，经常有女嘉宾被问及，如何快速忘记上一段恋情。当然，这里指的是失恋。

用一段新恋情来填补空白。讲话直接的姑娘答。是，新人登场，旧人自然会以最快的速度淡出。最起码，在当下，不再会觉得那么疼。

可这个新人在我看来真的不好找。不走心的，可以称作无意义，赶不跑旧人，又要来何用呢。

昨晚参加法国五大酒庄的一个品酒会，邂逅了这位接下来会被我称为 W 的男人。有着和前男友一样的星座，一样不胖不瘦的身材。只是，相较前位，他太痞气，太市井了。完全不是一类人。要说爱屋及乌这回事，此刻，在我这里猛烈发酵，连同月出生的人，都会被我看出亲切感来。

那是个对细节颇讲究的人。长得不好看，你却能从他的举手投足间感到一份贵族气。是的，贵族气，这话说得并不夸张。皮肤很好，看他的头发、指甲，都是优质、干净的。说话的声音很轻，你却能从眼神里看到一丝坏坏的顽皮的笑，要说魅力这回事，马拉多纳比梅西更懂得，就算后者再优秀，女人们，阿根廷人，还是会更爱其貌不扬、坏脾气、臭屁的马拉多纳。眼前这位，虽然年纪不小了，我却断定，他就像个孩子。

今天一早，手机闪烁，来自 W：我们来电吗？

又惊讶又好笑。世上还有如此直接的人吗？

下午做什么？喝茶？

习惯了含蓄斯文的我，头一次遇见这样的直接了当。W 虽是本地人，却在大连工作，不方便吧。可，转念一想，认识的那些人，兜兜转转，最终不都成了过客，又何须计较太多呢。想起一首诗：无须计较与安排，领取而今现在。

嗯，答应下来，领取而今现在。

至于穿什么，纠结了好一会儿。虽只有一面之缘，却猜到那是个挑剔的人。从他短短的头发，脚上的褐色 Tod's，就会窥出一些讯息来。有人说，看一个男人，看他穿什么鞋、读什么书，大概就能猜得几分。我不知 W 看什么书，鞋子，起码能够传递出部分的线索。

不出错，小黑裙吧。扒拉出这条腰间系条腰带，不修腰身的黑色连衣裙，膝盖以上长度，带出些优雅中的俏皮……我有多在意这次见面？这条小黑裙能给出多少线索来？让 W 自己去猜吧，但估计，他是不会去猜的，男人怕麻烦，更何况，一脸坏笑的他，脸上清楚写着四个字：直来直去。

见到了穿蓝色 Polo-Tee，小鹿沙滩裤的 W。和昨晚的褐色正装很不同。却印证了我的推断。脚上那双人字鞋拖搭这有趣洋气的一身蓝，不错嘛，老小孩。很奇怪，见 W，一点都不紧张，更不会羞涩，为什么还想着去调侃揶揄他？

我们来电吗？

再次被问。呃……

若你是我，该如何回答？

我笨，我语塞，只是在那一刹，我突然意识到，那个曾经让我忧伤的人，担心一辈子走不出来的上一段落，突然间，烟消云散了。

安全感回归，很好。

▸▸9.25

扪心自问，我是个不太在意外界衣着评价的人。这两天，却不爽。被我看作是人丑却不缺眼光的 W，见到我不是微皱一下眉，就是悠悠地说，这是穿了个什么？晕，不就是今年很流行的 A 字拼色连衣裙吗，要不就是我的 T 恤牛仔裤，冷不丁却触犯到了他老人家的脆弱神经。

好吧，虽说我深知这“走自己的路让别人咆哮去”的道理，我也深知时尚女青年的道路走的越长，与大众审美也必将渐行渐远。可隐隐的，还是觉察到了一丝的错位感。

时髦是一回事，简约是一回事，耍酷是一回事……可最终能落得别人评价里的一声好看还是很重要的另一回事。总不至于简约就简约的清汤寡水，要酷就要酷成钢铁战士，再或者扮甜美变成了 Low 货，营造女人味然后看上去俗艳无比……上述这些，都是让人觉得不爽的。说白了，就是要好看啊。过犹不及这四字，此处也适用。

无意中看到法国《Velour》杂志的时装总监 Violaine Bernard，和大多数法国女人一样，Violaine 瘦削、精巧，有一头漂亮的短发，当然脸上总是挂着一丝俏皮、开朗的笑。一页一页翻开她的日常穿着，透着一股不温不火、

一个生动的女人，
明媚的女人，
首先要是一个欢乐的女人。

灵动娇俏的时髦劲儿。既不过分高大上、拒人于千里之外，又不跟风追潮流，变得千篇一律。更加重要的是，无论 Violaine 走哪种路线（她的风格也是多变的），属于她的那种法式精灵感都贯穿始终。

稍加总结，你不难发现 Violaine 的穿衣哲学。Girl 味道的小碎花、小褶皱、小飘带、小花边……在三十开外的 Violaine 衣橱里，随处可见，用她们搭配机车夹克，黑白配，或者僧侣鞋，属于她的童趣感就萦绕其间了。要说，女人看女人，内心戏太多了，你的衣着透露明显的心机很危险，当然也是不高明的。而假如你直接倒戈向了女汗纸的阵营，女人们会把你设为警报解除，男人那边可就损失惨重了。求平衡？不是没方法，只需一点点的 Girl 味道，带着天然的明丽感。

当然了，还是那句话，凡事过犹不及。即便是可爱的它们，也不要用力过猛。搞得太明显，就成为另外一种心机，自然又会引来新的诟病。学着 Violaine 的样儿，在轻描淡写中，流露俏皮亲和力。很赞叹 Violaine 将一条水粉色的丝巾搭在黑色吊带连衣裙的细带上，不仔细瞧，会以为是连衣裙的一部分，粉色的衣领嘛，走近了，才看出是女子的小巧思，顿时被征服。

对了还有重要的一点。那话怎么说：爱笑的女人，大多运气都不差。衣服穿到位了，脸上的盈盈笑意自然不能少。一个生动的女人，明媚的女人，首先要是一个欢乐的女人，脸部肌肉轻快了，好感度又怎会差呢！

于是今天，找出那件许久未穿的荷叶边飘带小上衣，搭我的黑白条纹裤吧，噢，久违了的飘带荷叶边穿起来，悠悠然，心里也跟着飘出些不一样的欢乐来。

做小俏妞是比做女汗纸更有幸福感啊，哈哈，至于好感度如何，走着瞧。

10.10

一早头班机去上海。Prada 做活动，总是出手阔绰。空客头等舱里，空空荡荡，只我一个人，早餐精致的仿如星级酒店，只是，每当空姐、空少过来殷勤询问还需要什么的时候，我这习惯了经济舱待遇的，反而觉得不自在起来。

遥想几年前，首度坐头等舱，就跟朋友讲，好像进了大观园啊。

对方答，学着习惯吧。

如今依然不习惯，不是自己的，终归习惯不起来。

黑色奥迪 A8 停在浦东的丽思卡尔顿。对于这家酒店，我有着特殊的好感，相较其他高大上的“五星级”，它是更贴心的存在。假如说，柏悦是商务男士的话，丽思卡尔顿就是名媛淑女了。北京华贸的那家，小小门脸，欧陆风情。此番到的浦东这家，虽然变成了五星级一贯的奢华做派，可室内装饰，包括 Waiter 的制服，在我看来还是温婉精巧的。

进房间，已经有 Prada 的白色玫瑰和活动邀请函恭候多时了。那个云裳鬓影的时段啊，发生在沪上，很难讲，与电影比起来，究竟哪个更香艳。

知道绅士淑女们一定不会休闲简练出场，Prada 的酒会，尤其还是 Flapper 主题，擅长打点自己的时装动物们，自会花样百出，你无须担心自己是否会过于隆重了，要知道，山外青山楼外楼，艳压群芳的，肯定不会是那个只涂了大红口红、穿了件 Bling Bling 的你。

我的露背小黑裙在这样的场合是保守牌，搭了个闪闪亮的手拿包。话说这样的活动，明星名媛才是主角，媒体人只是打酱油的。来来回回也认识了不少的各地同行，是可以借机见面的节奏啊，感谢主办方，给了我们一年几次的小聚机会。

晚上 7 时的 Prada 店门口，人山人海。赶来的路上，不时遇见化妆精致、衣服考究，提着晚礼包的贵宾们。其间，还邂逅了某位风头正劲的钢琴家携一位高挑美女翩然而来。

明星来得不少，It Girl 也是其中主角，许久未见的吕燕透着明星身上少有的质朴温暖感，皮肤黝黑，扎马尾，大咧咧的笑，那笑容，真性感；也有最近忙着闹婚变的某女郎，一脸憔悴，冷若冰霜地赶来，在众人簇拥下，来去匆匆；倒是刚露锋芒的新近女星，穿了一身的粉色波点装，站在人群里，神仙姐姐一样的存在。

这样的场子，男人是很大的看点。甚至比女人更有看头。在这里，你可以遇见西装笔挺的老牌绅士；可以遇见衬衫卡其裤的雅痞男士，你还能看见穿着女装，踩着高跟鞋的花样妖男，无论阁下喜好几何，置身其间，你都不会寂寞。甚至，你会产生一种错觉，仿佛自己不是身在上海的金融中心，而是在巴黎，在伦敦的男装周街头，大上海的国际化，无需讲啊，看看他们，一目了然。

了不起的盖茨比，了不起的 Prada，这样一场云裳鬓影大聚会，看得人眩晕……看表，已经 10 点钟，音乐依旧热闹，嘉宾的兴致愈发高涨，只是我，在与媒体同行们八卦多时之后，真心疲惫了。踩着高跟鞋的脚也生疼起来。生物钟到点了，好生想念酒店里的那张大床。

Prada，下次见。

10.14

很想穿牛仔。

我不是牛仔粉儿，却会时不时的冒出对其青睐有加。于是找出这件袖子肥坨的 Acne 牛仔外套，搭的是一条深一号的牛仔七分裤。

要穿就要穿一套，我喜欢这等重口味的牛仔 Feel。

经常会发感慨：我们总是在绕了一大圈之后，暮然回首，开始喜欢起最初的感动。就比如这牛仔蓝。是上学时候穿的最多的东西，牛仔裤、牛仔衣，太司空寻常了，也就很难与时髦搭上界。那时候好羡慕穿着蕾丝连衣裙、波点超短裙的女人啊，尤其是那踩在纤细高跟鞋上的优美身影，让青春年少时的女孩心里痒痒，希望自己快成熟，然后把那些个矜贵的、优美的东西统统穿上身。

一路走过，却在三字头的时候，怀想起淳朴的牛仔蓝来。有种姑娘，天生就适合穿牛仔，她们大多瘦且高，皮肤白皙，长发飘飘，氧气女神般的模样，可偏偏还有一颗不羁的心，于是她们穿起牛仔蓝，透出一种帅气里的清新感。也正因此，她们一直是牛仔蓝的拥趸。

还有一种女人，其实看外形真的不适合穿牛仔。牛仔本就的粗犷格调与她们不甚精致的皮肤，不甚出挑的身材太过搭调，反而强化了牛仔身上那种大漠孤烟直的劲儿。女人啊，再文艺，再有性格，骨子里还是希望被赞一句美的吧，这样的牛仔 Feel 真心不太美，但姑娘们依然对牛仔不离不弃，看来是真爱啊！你看她将牛仔穿的仿佛塞外游侠，一点点脏，一点点粗糙，当然还有她们为之着迷的洒脱和桀骜。

却都是底色帅气的女子，性情中人，才会把这朴实牛仔视作真爱，才会让其成为衣橱中的主角。

而如我的，既没生就如前者般高挑白皙，也没有后者的游侠豪气，我只知道自己穿牛仔裤很悲催，牛仔衬衫总也穿不出洒脱感，毕竟还是希望被赞

一句“好看”的凡尘女子啊，于是对牛仔敬而远之，轻易不去碰。

直到某日，比如今天，穿腻了真丝，穿烦了针织纯棉的我，将冷落多时的牛仔蓝穿起来，帅气又摩登，且，真的是减龄啊，神器。

chapter 3 赢了口碑，输了男人缘

MY DIARY
OF FASHION
ATTITUDE

▸▸10.15

本没想着换发型，却在发型师的自由发挥下，各位，今天起，我变成了齐刘海，童花头。

脸小不怕变，这一直是本人自我感觉良好的部分。于是，每次剪发，每次都对相熟多年的发型师全权委托。

你看着搞吧。

于是，刚刚从沙宣总部培训回来的李老师三下五除二，给我整了个向大师致敬的发型。

要说，真是显年轻啊，有扮嫩嫌疑吧；要说，真是有范儿呀，直接向当年的玛丽官女士靠拢了，只是，会不会太时髦，太做作呢？

拍张照片，发微博：亲，这是在向大师致敬，还是新版本的中国娃娃？

“沙宣中国”第一时间回复过来，一个大拇指。

哈哈，至于群众的反应啊。北京的杂志主编晓枫姐、上海的摄影师 Mr. Zhang、广州的时尚博主 Sam，还有一票姑娘们，点赞，夸奖，我这狮子座的虚荣心瞬间得到了满足。却也很现实的发现了新动向：男士们，传统男士，正常男爷们，点赞者几乎为零。

临下班，W 冒出来，一个狂吐的表情……

好吧，我懂了，哼。

▸▸10.18

自从剪了童花头，衣橱格局也跟着发生大变化。很英国很摇滚的发型，搭的衣服自然也要酷一点。于是，我把那些压箱底的黑衫一件件翻出来。黑衣、红唇，再添一点的亮，是我认可的童花头标配。一身黑固然不出错，却未免沉闷了，找出白黑相间的斑马纹九分裤，搭起来，刚刚好。

至于鞋嘛，尽管鄙人只有 160cm，但既然走了这英伦 Feel，此时再穿 10 分跟会破坏这一整身的英国书卷气。而论颜色，黑色鞋会沉闷，其他色又会冲撞了这“冷酷”的调性。银色是黑与白的绝配。巧的是，今天穿的这双银色尖头鞋也是漂洋过海从英国运来的，顿时感慨，何时起，我竟成了英伦的拥趸、女王的粉丝。

说起我心目中的英伦格调，看着《两杆大烟枪》《猜火车》长大的人心中都会涌起不少的关键词。喜欢黑灰，喜欢修身紧身，喜欢哥特朋克风……当然了，发型很重要，不会像法国人那样蓬松凌乱，更不是纽约客那种精工细作的美，英伦 Feel，也精巧，也克制，却更多的特点是酷，更 GE 人。就比如说这童花头，再比如那些看上去先锋无比的哥特式发型，利落直接，丝毫不玩什么拖泥带水。

更加不玩甜美浪漫女人味。一如电影里那些干脆利索，还没待你看明白就拔枪开火的人：做就做得有型有款，即使犹豫纠结，也不会像法国人那样顿时变成了诗人、哲学家，他们宁可变傻子，变古惑仔，带着一些底子上的童贞和顽皮。

网上说，英国人的最大特色是逗逼。哈哈，超爱这种英国式逗逼。

▸▸10.24

结束杂志传版。迅速从忙碌模式转换成空闲状态，顿觉幸福无边。晚上约了林少华老师的饭局，许久未见的前辈，志同道合的人。林老师翻译的村上春树是小资界的圣经。而了解林老师的会说，他其实是和沉默村上恰恰相反的人，爱玩笑，孩子气，当然，他们也有相似的地方，比如，对文字超级的苛刻，挑剔。上回，他说，我们都是有文字洁癖的人，嗯，深以为然。

见老师，不能太时髦，也不要过于随意了。毕竟是拜见儒雅气质的林老师。索性优雅牌吧。黑色宫廷感的衬衫配一条九分黑色裤，看似沉闷，点睛的一笔落在衣领处的珍珠项链上。最近大爱珍珠。今天戴的这条很好用，搭一身黑，绕在小圆领的外面，克制又乖巧。

听闻日本有传统是，女儿 18 岁长大成人了，母亲会送女儿珍珠首饰做纪念。可在我看来，珍珠这种看上去宁静、圆润之物，还是待到女人褪去了身上那份青涩之后戴起来，才登对。

《广告狂人》

《纸牌屋》

30岁之后，有了些许戴珍珠的资格。看电影，无论是希区柯克悬疑剧里穿戴优雅的女郎，还是如今的大热美剧《纸牌屋》《傲骨贤妻》里，行事或雷厉风行或含蓄温婉的女人们，经常会在她们的脖颈间寻到一串圆润静美的珍珠项链。

30岁之前，提起珍珠，最先想到的是Coco Chanel那些长长短短的假珍珠链子。以为那才是时髦。至于矜贵的天然珍珠？更像是上了些年纪的人才会去追求的东西，传统本就至此，与时尚，真的有关吗？

现在看懂了这种宁静背后的时髦。你瞧它，总是不温不火的，以不变应万变。而这，也成就了属于它的万千宠爱。

在我看来，单排小颗珍珠颈链是入门首选。随意地戴在高领衫外，或者躲在衬衫里面，被人不经意地窥得，顿时会被这份精巧击中。最近窝在家里看《广告狂人》，第六季，四十开外的中产主妇将一根珍珠项链与吊坠金项链叠着戴，好摩登。而这，也是如今很流行的珍珠戴法，假如你觉得单戴一串珍珠太普通了，那么这种珍珠配金的混搭会很对你胃口。

当然了，你还可以选择两排的珍珠项链，我热爱的是颈链长度，搭在衬衫衣领外，悠悠的，很女人，又不显得过分炫耀。珍珠本是内敛物，即便戴两排，也还是那个含蓄微笑之人。

至于说到珍珠中的大块头，大颗的珍珠其实并不显得多么夸张嘚瑟。爱极那种颈链长度的大颗珠，正式场合戴起来，她比宝石文秀，比水晶更有书卷气，却丝毫不减身上的华美。澳洲产的珍珠以颗粒大著称，圆润的光泽，即便只戴一颗，随性中的精美，就比钻石来得高雅许多。要我说，“鸽子蛋”再璀璨，总难免有俗艳之嫌。大颗的珍珠则不会，我尤爱那种孔雀绿颜色的大珍珠，产自法属大溪地的它，做成戒指，戴在手上，不经意拨弄，手指都会跟着悠扬起来。

行事态度低调的人们，多爱来自日本阿古屋的珍珠。日本皇室专用的Mikimoto是当中翘楚，而其他一些日本品牌的珍珠也以那个民族特有的精致细腻风格著称，精小的颗粒，不急不躁，衬得女人纤细又精巧。

欧美人与亚洲人不同，她们很爱一种硕大颗的异形珠，造型上是天然的随意态度，契合了她们热爱自由的灵魂，搭裙子或者配衬衫，都是一副潇洒劲儿。你瞧，珍珠也并非一成不变啊，有时候，她竟像个洒脱豪迈的女汉纸。

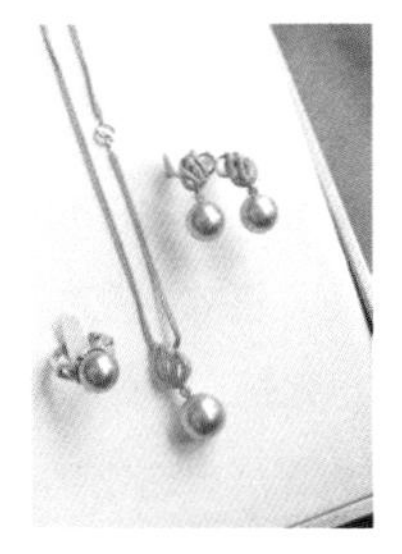

10.26

那日逛街，看到这件太空面料的夹克瞬间就把持不住了，黑短裤，再搭这件白，应该会很拉风吧，只是，会不会被人问，你到底是冷，还是不冷呢？！

这带帽衫搭短裤的穿法，其实是受了办公室小伙伴的启发。Stella 最近荧光粉衫配牛仔热裤，搭她的荧光粉色指甲油，粉粉鞋子，好看的紧。

要说 Stella 的长相，不是典型大美女，咪咪眼睛，鹅蛋脸。有着 D-cup 和一双修长美腿。她喜欢复古装，喜欢用复古元素混搭潮牌。就比如，她经常会用 80 年代的衬衫搭热裤，然后，再戴一副古董圆眼镜。曾经，这样的混搭时髦，引的电梯里两位接地气男生窃窃私语：上身包的那么紧，下身却短到那里……那眼镜，也太逗了。

就是这样一个在寻常男士眼里太逗了的女孩，却是我心中的摩登小妞。

知道她有位很会做针线的妈妈，她身上的很多精彩，也都源于妈妈的亲手缝制。就比如一色的及膝复古连衣裙，藏蓝色的羊绒外套，再或者大红色的飘带雪纺衬衫……这些妈咪出品系列，比 TB 货好看太多了，也比那些容易撞衫撞款的品牌货来得更加有内涵。

很多次，我买下的衣服，横看竖看都觉得不对，让 Stella 帮忙试穿，顿时竟对了。你瞧，原来在我的脑海里，不知不觉间把自己想象成了她。于是，买下那些的复古装、怀旧基本款，穿来搭去，描摹的竟是我近旁的另外一个人。

这样的莫名效仿，也算是真爱了吧。更何况，细腻有品的 Stella 还有着和我相似的情绪架构。只是天秤座的她在我看来更细腻、更浪漫，也更加的多情好哄。

最近，她每天晨起的微信都以精巧貌美的早餐开篇。继承了巧妈咪 DNA 的 Stella，小荷才露尖尖了。

只是，我知她很大的一个动力来自某位男士的朋友圈点赞。

那个据说与她私聊半年的男孩，倒也约着一同出去看过电影，吃过饭、聊过天，却，再没有更多了。

同事起哄说：他不表白，你表白呗。

暗恋中的女孩倒很满足，她似乎很享受这种晨起说早安，睡觉前回复晚安的交往。

这算爱情吗？

我不知道。暧昧应该是有的吧。

想起朋友说的，你不去苟且，世界就没有暧昧。

究竟，我们该为填充空白，苟且一下比较明智？还是为省却之后的烦恼，砍掉那些的苟且，顺道也斩断暧昧。

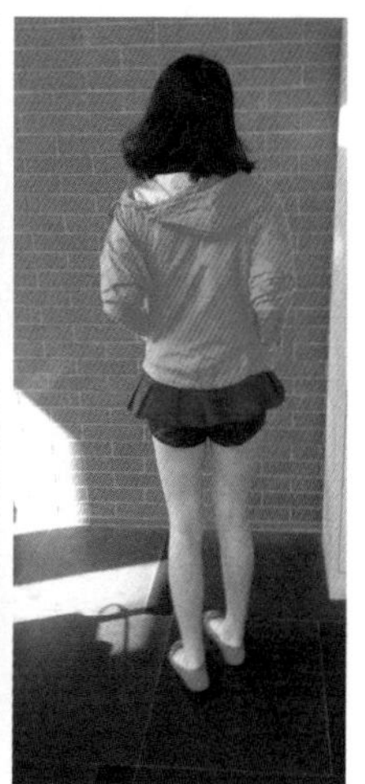

若是后者，应该会简单很多吧。可，那也真是够无趣的。

当真命天子没有到来之前，暧昧着，似乎对彼此都不是坏事。从未热恋已相恋……一如林夕言，该是爱情里最美的距离了。

太理智或者太清醒的人，都难体会这暧昧的好。那种说不清楚，有幻想，有猜测，有甜蜜的模糊关系，一旦你想着搞个清楚了，也就变味道了。

需要强调的是，彼此最好在起始能够达成步调上的一致。尤其对于一些天性喜欢玩暧昧的患者而言，即便不恋爱，即便只是暧昧……在我看，若是彼此之间达成了共识，就不算得欺骗，也就算不上亏欠。

不知 Stella 的暧昧是否算是这样一种双向的选择，这样的暧昧是否能够修成正果。或许，想着修正果的心，本身就不自在了，观自在，还是不预设的好。

▸▸10.27

女友发微信，美其名曰科普贴，点开看，原来是对绿茶婊的“名词注解”。罗列迹象种种，其中一条吸引我：绿茶婊者，多爱复古或小清新等文艺装扮……

头一次听人把复古装与绿茶婊两厢联系在一起，细想来，又真的含了几分道理。当然啦，这不是说，热爱复古装者，都是绿茶婊，而是意指那些个喜欢扮纯情、装优雅之绿茶婊者，很多都偏爱这充满书卷感的复古外包装。

这里说的复古装，大约指的是上世纪五六十年代的时装潮流。那个众女神争奇斗艳的年代，以无可复制的优雅感俘获众人心，也正因此，潮流一次次地穿越往返，许是人们都对那样一种女人味无限向往吧。

假如你对我说的这种五六十年代的复古扮相还感觉懵懂的话，最简单的方法是恶补美剧《广告狂人》，它绝对是一部60年代风格的集大成者。女人们穿着色彩活泼、图案经典的连衣裙、花衬衫、针织背心……脚上踩着鞋

《广告狂人》

跟不高的圆头鞋，提方方正正的短带包，化精致的妆，头发一丝不苟……你能想到吗？那些优雅精致的姑娘啊，却也是性解放的践行者，忠于自己的感受，游走在情与欲之间，仿佛，她们唇上的那抹红色都比现在的更正更香艳。

说到这复古装束，最先想到的是漂亮的复古连衣裙们。她们大都有着精巧的小碎花图案，或者是冲击力极强的色块线条，即便是一色的，也会在若隐若现处以线条、格子做点缀，前凸后翘的身躯适合穿那种裹紧身材的及膝连衣裙，腰间一条飘带，女人妖娆的曲线就在这连衣裙的衬托下熠熠生辉了；而那些长相俏丽，走活泼乖张路线的，则更适合穿一种膝盖以上长度的直身超短连衣裙，源于英国的玛丽官连衣裙，是那些时髦女孩的标配之选，上述这些，你在《广告狂人》里随处可见。穿戴漂亮的广告公司女秘书们，将办公环境装点的好不热闹，不禁想，在那里工作的男人真是幸福啊，同时也替他们的妻子捏一把汗，乐不思家，是必然的了。

除了俏丽的复古图案连衣裙，《广告狂人》里还时不时会有各种背心的身影。看上去是略显保守的东西，衬衫外的它们，乖巧有余，性感不足。可偏偏就是这些马夹背心，格子的，或者一色的，搭配漂亮颜色的飘带衬衫，穿在碎花连衣裙的外面，勾勒出一派克制、乖巧、艺术的风貌。剧中貌不出众却勇敢向前的Peggy，连续几季，都有穿这种充满文艺感的背心，面孔不优美、身材也不窈窕的她，用背心搭配百褶半裙、矮跟船鞋，忠于欲望的女子竟被扮出了几分斯文优雅来，那样子，也是迷人的。

这就难怪会把复古风总结成绿茶婊的热爱着装了。顺从含蓄的外表下，仔细看，却是欲火熊熊。《广告狂人》就是这样一部将复古装的美和那些自由欲念表达的酣畅淋漓的剧集。要说，编剧真是参透人性啊，自认新潮开放的我们，别以为提前了几十年，那个年代就比现在来的保守落后，有时候，她们显得更加张力十足。

一如女人们身上那些看上去优美俏皮的衣裳们。没有深V，不玩透视，更不搞什么内衣外穿、制服诱惑，在一派和谐宁静的田园风景下，透出的却是更深层次的生动欲念，踩在圆头小矮跟上，裹在波点飘带裙里，春光无限，艳丽芬芳。随时准备去战斗。

▸▸10.29

前几日，夸女友的衬衫好看，于是，今一早，收到她相赠的礼物，这是怎样的革命友谊！赶紧的，想想怎么搭。

好几天没和 W 联系了。他并不是急切着找我。只是偶尔在朋友圈里随便踩踩。或者，色迷迷的留言。

这的确是个勾起我不小好奇心的人。老大不小了，你却无法将他归类到中年。某次，与一位和 W 几乎同年的先生午餐，看着对面这位两鬓能看到白发，皮肤松弛懈怠的人，暮气沉沉就是这么回事吧，不禁暗自唏嘘：竟会和这个年纪的人交往，竟然从来不觉得 W 是“老人家”，有时甚至觉得，自己比他大。

作为同样的狮子座，W 把狮子座爱显的特质发挥到极致。空闲下来听到的，多是他陪某某领导去某地，或者一己之力跑北京，跑天津，搞定几千亩的大 Case。

总之，哪个老板请到你，都是大大的赚到呗。

那当然。

人是需要成就感的，对于狮子座的 W 尤其是。可现实层面讲，也隐隐觉得，我们正逐渐滑向了一种畸形情感，这是和大多数男女恋爱不同的状况。不在同一座城的两个人，似乎都不急着结婚。至于恋爱，也谈的有一搭无一搭。

是有多久没看到你了啊，快忘记长什么样子了。

一分钟不到，手机响。哎吆，一张 W 的自拍照过来。

白色 Tee，平头，抿着嘴，微笑……

这样一个心底无障碍的人啊，你说他不是孩子是什么？

T 恤不错嘛，前面的是什么？两排小扣子？厨师长制服吗？

土老帽，不懂设计。

好可爱的人。只是，这样的人，离我那么远。不仅是地域，还有彼此的心。

两个完全独立的人，平行线一样的爱情，互不相欠，而一旦纠缠，似乎又真的都不懂得处理。

像上次，因很小的争执，W 直接翻脸。

我天生土匪，你看着办吧。

那就算了，谁怕谁啊。

顿时僵住。再不讲话。

假如是高情商的人，假如是那些温柔伶俐的天秤座、双鱼座，早就自行找台阶下了吧，可我们不，坚决不，我们最擅长的就是干耗着，生拉硬磨。

憋足三天，也真的快把人逼疯了。和同事兼死党 F 抱怨，天秤座的 F 嘻笑着：那就看看他怎样的土匪样子嘛，哪那么容易上火。

听这话，像是立马找到了妥协的理由。

两个完全独立的人，一旦纠缠，似乎又真的都不懂得处理。

赶紧发信息过去：土匪哥哥，在干嘛呢。

一个大大的笑脸。然后，紧跟一句：别不拿村长当干部。

云开雾散。

你说，离了F，我会怎样。总不能拖着F谈恋爱吧。两个白痴型选手，动不动就擦枪走火，好吧，那话怎么说的：不预设。

女人一旦开始预设，开始掌控交往的节奏，事情多半就不美妙了。

还是继续美妙下去吧……话说回来，不如此又能怎样呢？阿门。

11.6

阿丫

中午与一位常驻巴黎、做服装设计的女士会面。我穿一身黑，配上红，我穿的舒服，她定然也能看得懂。我们都爱红与黑。

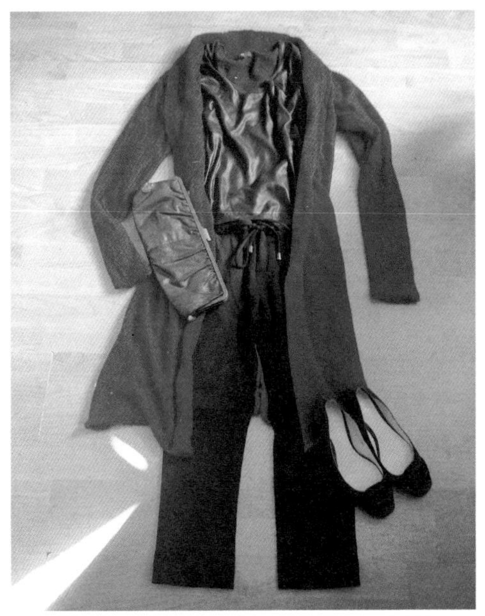

1分钟前

▸▸11.8

穿衣服，当然不止为了保暖嘛。穿衣服，自然要分清季节嘛，温度差不多的春与秋，适合穿的东西却很不同。就比如这粗线毛衣。除非万不得已，我是断不会将它穿在春光明媚的时候。即便温度适合，可总觉得这种纯良敦厚之物其实适宜在需要一些温暖来抵御萧瑟的季节来穿，至于阳光普照，春花烂漫的日子里，还是轻薄灵巧的更恰当。

于是，这粗线毛衣就被我名正言顺地归类进了秋天。伴着落叶铺地，毛衣就可以拿出来穿了。只是多多少少会觉得，这毛衣一如那个完美老公人选，好好先生，人是不差啦，能养家对你也体贴，可就是差了那么骨子劲儿，他问，是什么？答不上来，或者不好意思回应。和吃饭过日子真没半毛钱关系，就是那一股子不实用却又深深叫女人着迷的不羁与肆意妄为。

纵使举案齐眉，到底意难平。

这毛衣也如此，长相太敦厚，就容易被看轻了，于是难登大雅之堂……要说还真是冤枉，被一票文艺青年们喜欢的粗线毛衣，如今早已经开疆扩土，敦厚依然是那般的敦厚，而长长短短、肥肥瘦瘦之间，人家也有了新变化。连最初被觉得只有那些没多少肉的女孩才敢碰的腹黑理由，业已洗脱了罪名，100 斤以上的妞儿们逐渐发觉，现在的粗线毛衣好像硬挺多了，不再那么软了，穿起来虽不显的瘦，却也是一副洒脱随性的洋气味道。

索性大着胆子穿吧。穿腻了精工细作的，这粗线织物带来的淳朴感其实是另外一种时髦，让你不那么端着，让你显得年轻，让你在看似随意里保持难以割舍的精致美感。话说，如今愈发不喜欢那种所谓的精致优雅，有了这点粗线做掩护，你会看着更放松，更加 Enjoy，人自在了，段位瞬间被提升。

你当然可以不动脑子地用粗线圆领衫配你的千年牛仔裤，没问题，你也可以用一件一色的圆领 Tee 与这毛衫做搭配，仅仅只是露出 T 恤的边边角角，可就这一点就够了，搭上外面的圆领毛衫，那是当下很时髦的穿法。而假如，你不是走休闲简约风格的，温柔女人香依然也没问题。一件飘带雪纺、真丝衬衣搭配你的粗线毛衣，刚柔并济间的美好，给人留下回味好印象。

而假如你的毛衫很“大只”，一点点的飘带还无法调和出那份美好，那就再大胆一点，在硕大无比的毛衫里面搭上一件同样硕大无比的相近色衬衫，露出衣领，露出衣角，然后，很随意地下搭一条相近色的短裙，那条裙子最好有着与毛衣相近的扎实质地，真丝或者蕾丝会显得过于单薄轻佻了，毛呢、牛仔布在此时会彰显出威力来，与这粗毛线是绝配。

当然了，并非只有相近色系搭在一起才好看，色彩浓郁的秋天，充盈着各种美不胜收的撞色方案，只是相较那种让人深恶痛绝的街拍 Feel 撞色，请各位参考一下法国人的搭配喜好，在众多法国导演的电影里，你会寻觅到许多看上去满身艺术腔，却并不浅薄的撞色混搭。

西部老城拍片，穿起这件藏蓝色粗线毛衣配波点黑色套，嗯，心暖又心安。

chapter 4 诗情了季节

MY DIARY OF FASHION ATTITUDE

11.11

阿丫

穿的仿佛深秋里的一棵树……这座城市，最迷人的时候到了。

1分钟前

11.14

F说，满街都是穿真假Burberry的人。

什么都逃不过摄影师的法眼。去年此时，在上海，也看到满街的"Burberry"。质地、版型各不相同，良莠不齐的，引我发了好一通感慨，这Burberry色风衣啊，即便不是系出本家，也一定得是上等货，淘宝上那些动辄几百块的，皱皱巴巴，穿在身上，非但没有与生俱来的贵族范儿，反而像霜打了的茄子一样，怂的不得了。

更何况，在我看来，Burberry，尤其卡其色，本就不是给亚洲人准备的。肤色偏黄的人种，穿起来很挑战。而且，那真是不为打扮人而生的东西啊，要想靠她化腐朽为神奇的，最好还是打消念头的好。而假如你本就是衣服架子，美人胚子，再或者是气场强大无边的女神类型，那么OK，这种气死人不商量的质朴军装Feel，绝对是你的菜。

我是在这"Burberry色"阵营里打转多年的资深人士。如今有深浅两件此种风衣，略浅一点的Burberry和略深一些的日本某牌。而被称作蜂蜜色的前者，每每穿上，每每觉得差了那么一点的火候，至于究竟差在哪里，无解。而后者，或许是颜色没有那么的黄，亦或者版型更加符合亚洲人的身材，总之穿起这件小日本的驼色风衣，收获好评无数。如此这般，让我对Burberry无比的泄气。

今年却有大惊喜。前日穿着她，内搭一身黑，出门会友，刚从New York回国的Amanda见我第一句话就是，哎吆，正啊。

不禁欣喜若狂。从未因这件衣服收获高质量的赞美，这是头一次。顿时觉得银子没有白花，尽管这声赞美也太姗姗来迟了。

估计是年龄长了一岁，更加符合了这件衣服的气质类型？之前一直穿不对它，我的总结之一就是，年龄不适合。遥想我那四零加的女同事，穿一身Burberry，高大上啊，而在我，就是尴尬。要不怎么说，很多东西，即便是

江湖上公认的经典，也不能超速驾驶。就比如这 Burberry 的蜂蜜色风衣，再或者它家的格子围巾、包包，还有，还有 LV 的 Monogram 花纹。

另外有一点，也是我卧薪尝胆这许多年，摸索出来的。穿这样一件风衣时，搭配很关键。最简单也最不挑人的搭法就是内搭一身黑，而且款式越简单越好。下裤一定要是九分或者七分长度的紧腿裤，这是当年奥黛丽·赫本的 Look，大气的杰奎琳·肯尼迪也曾如此穿。风风火火闯九州的她，一件风衣，一身紧身黑色短打，一双平跟鞋，头上架一副硕大黑超，把个风衣穿的既是主角又不是主角，洒脱一女子，大气着时髦。

假如觉得黑色太平淡了，你还可以选择一身白，或是加入一些白与驼色之间的相近色彩来中和，总之那抹白是重点，提亮肤色全靠它了。不擅长穿正装的我，不喜欢穿太正的白色衬衣，更倾向于搭配休闲的白色 Tee，或者是女人一点的真丝白衫，以此为这刚正不阿的军装风衣添进去些女人味道，也是好的。

当然啦，上述这些都是我这屌丝人士的苦心钻营。至于那些皮肤白皙，海拔达标的衣服架子们，随便一件 Tee，一条牛仔裤，然后披挂起这 Burberry 风衣，就相当的正了。那种信手拈来的美感啊，叫我等涌起多少的羡慕嫉妒恨。

›› 11.19

阿丫

这样一身其实更像我，军装Burberry，终归不是我的菜。

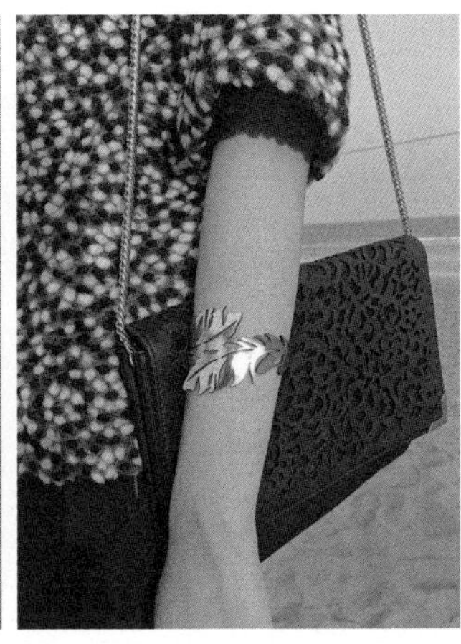

1分钟前

▸▸11.23

心情沮丧。唠叨着说，缺少兴奋点啊。

买衣服没有冲动，工作还是那样，新恋情，W 让我愈发摸不着头脑，感觉那是个永远自己排第一，工作排第一，挤出点时间来才能谈情说爱的人。

内里早就翻江倒海了，一次次想骂人：大哥，谁有空跟你闲耗着啊，你究竟算老几！

然后，又一次次的自我规劝：要有教养，别着急，心急吃不着热豆腐。

好吧，我要静心，我要安稳，我要活在当下。

刚回国的女友，最近未上班，微信里不停分享着她的新近小兴奋。

护肤，女人永远的话题。

TVB 的鼎盛时期，看《妙手仁心》，蔡少芬对苏永康说，你知道女人和你约会要花费多少吗，你以为就男人花钱多吗？单护肤品，一瓶面霜你知道要多少钱吗？一年算下来又是多少啊！

所以，不准不认真，不准忽悠女孩子。

看女人的包包、鞋子，这些都是能够看得见的钱。那些看不到的，一瓶瓶面霜、一罐罐精华，呜呼，你以为做个美女容易吗，为了明媚登场，那些隐形的开销，远比 Prada 包包贵太多。

心情倦怠期，我没有放下的，是坚持了一个多月的针灸事业。每天去中医处报到，每天 30 分钟，据说，这会让皮肤变紧致。对于 30+ 女子而言，简直太有诱惑力了。于是一去再去。

想当年，20 开外的时候，我做美容编辑，软文里经常会提到“紧致”，那时会被还是杂志副主编的加肥猫调侃“皮肤紧致”四字，小脸够紧的，看看他，或许永远都不必用那些价格咋舌的瓶瓶罐罐。

针灸一月之后，被人夸奖肤色变好不少，至于我在意的紧致这回事，却没有太大进展。不过想来，又不是微整形，又不是热玛吉，这种中国古法，

还是日久见真章。热衷探古的同事说，当年孝庄文皇太后就是如此驻颜的，哈哈，果真吗，宁可信其有。

身处倦怠期，倒也还知道善待自己。跑到许久未去的美容院寻安慰。美容师推荐新项目，据说是刚刚引进，在上海风靡多时的东西。Endymed，秉承了医疗美容仪器相同的 3DEEP 射频技术，无创、无痛促进皮肤真皮层中的胶原纤维收缩、修复及再生，从而达成祛除细纹、紧肤提升、改善肤质、淡化色斑和美白瘦脸的功效。

以上几行文字，来自美容院的专业介绍，而我的体会是，哇，真的立竿见影，哇，我的苹果肌，哇，的确变白了，哇，真的是好贵好贵啊。

办卡也要一次 900 块，效果帮你维持一周。想想，这是用钱堆起来的一周明艳啊，假若没约会，没派对，不拍照，不访友，还真是穿着锦衣，夜行了。

用F的话说：那还是老点吧。年轻不起。

索性继续我的针灸大业好了，皮肤紧致这回事，有捷径，有慢工，捷径要花大价钱，慢工细炖或许也能跑得精彩。

照镜子，看着自己隐约能辨的法令纹，呃，不开心。可，又能怎样呢，忽想起泰戈尔的诗：

如果你因为思念太阳而终日哭泣，星星也将离你而去……

对法令纹，对沮丧，对于各种肝肠寸断的覆水难收，励志一下比较好。

阿丫

出版社寄来金韵蓉老师的书《我心安处是幸福》，当中传授小妙招：有事没事提醒自己多发E……的音儿，E……嘴巴抿起，肌肉跟着做拉伸，和微笑的时候相仿。岁月无情啊，在脸上留下微笑的纹路，总好过积攒那些愁眉苦脸后的沟渠纵横，E……最便宜之美容美心术。

1分钟前

11.28

假如你和我一样钟情 Roger Vivier 鞋，那你一定会知道我下面提及的这位法国女士，伊娜·德拉弗拉桑热，众多时装设计师的缪斯女神，Chanel 卡尔·拉格菲尔德的多年好友。

很喜欢她的时装插画，然后看了她的一本旧书，《巴黎女人的时尚经》。其中讲述法国女人缘何时髦，法国女人如何穿衣打扮，种种。

当中一条，法国女人钟情藏蓝色。禁不住连连赞同，也是同样喜欢藏蓝色的人啊，而且，对男装不甚精通的我，却坚信，无论 T 恤还是衬衫、毛衣，藏蓝色穿在男士身上，一般都不会难看，即便是个根本不怎么讲究穿着的人，穿起藏蓝色来，都会变得斯文洋气，更甭说像德国教头勒夫那样穿衣有型的男神了，直接秒杀菲林无数。

据伊娜讲，法国女人爱穿藏蓝色，尤其喜欢用一件藏蓝色毛衣搭配白裤。这有些挑战我的接受尺度，因是个对白色裤有排斥的人，尽管知道这样搭简单明了有味道，可……姑娘们，还是那句话，瘦是王道。

没瘦够标准的，不敢造次。

喜欢黑白灰，爱上简约的人，很难接受烦乱复杂的花朵，对于艳丽颜色也会觉得聒噪无比。可藏蓝色几乎达到了与黑白灰并驾齐驱的好感度。或许你会担心颜色太暗的这种蓝不提脸色，同样是黄皮的我，切身体会是，只要不选那种颜色发乌、饱和度不够鲜明的，多数藏蓝色不但能提亮你的肤色，还能帮你找回很多的气质格调来。

我的同事 Ryan 是个在衣服上花钱不多却很能把自己捯饬出调性的人，习练瑜伽的他一年四季最爱藏蓝色，穿藏蓝 Tee，藏蓝衬衣，藏蓝毛衣，生生在我身边竖起了一个藏蓝色男装穿搭教程；我的闺蜜 F 同样如此，她的那些藏蓝色开衫，藏蓝色毛衣，藏蓝色高领衫，也在不动声色间将这藏蓝色穿的妙趣横生。

而作为我，翻翻衣橱，着实吓一跳，是近朱者赤，近蓝者蓝吗？除了黑与白，我最多的竟然也是藏蓝色，藏蓝卫衣，都市休闲 Feel，藏蓝毛衫，文艺又斯文，藏蓝外套，沉静 Lady 感……每个人都有每个人不同的藏蓝 Style，就好像我，与 F、Ryan 的风格都不同，少了些他们身上的随性与质朴，倒也有我的干练知性。

谁叫藏蓝色那么的低调易搭配呢。无论你是高矮胖瘦……统统不挑人，一年四季的安全牌，岂能不爱。

12.2

阿丫

今天特别想穿平底圆头鞋。
女友说：不是一直爱尖头吗?
我要扮乖巧。
丝绒平底圆头鞋，在此时穿，乖巧中的小华丽，合心意。

1分钟前

12.7

有本书叫作《Why Do Architects Wear Black？》，为什么设计师偏爱穿黑色？书作者采访了全球不同领域的众多设计师，一起解答这个让公众产生无限好奇的现象：为什么那些本应是引领时尚潮流的设计师们却总爱把自己穿成一身黑呢？

受访者中，只有一位来自中国。艾未未，而他的回答是：为了消失，在世间消失。我不能说艾未未的这个回答多装逼，或许如我这等凡夫俗子是无法领悟艺术大师的精神世界的。而作为一个同样热爱穿黑色的时装分子，我对于黑色的喜爱，更贴切于书中的另外一段描述：十九世纪末的英国伦敦，有着一群衣着考究类似于中国人说的纨绔子弟的花花公子们，这些人非常喜欢修饰自己，甚至每天要花上3小时才能出门，不要以为他们把自己打扮的多么花哨耀眼，恰恰相反，他们最爱穿一身黑色。同样是黑，他们很关注其间的细节分别。对于衣服布料用的究竟是埃及亚麻还是棉花，这些你可能完全看不出来，但对他们来说却很是要紧，这些人关注自己的外表，却又总喜欢装出一副满不在乎的样子。

就是这种看似满不在乎其实却费尽心

思，用一个通俗易懂的词儿就是“闷骚”吧，而有着相同喜好的人则会感同身受的称之为“低奢”。低调的奢华。有时想想，这真是一种矫情又迷人的时髦追求，热衷穿一身黑的人大多是玩腻了那些个花团锦簇，最终，他们想要“隐藏”自己（瞧，看来还真的和艾大师接轨了），不希望自己的时髦追求被公众一眼识破，只留给懂得的人看。

不禁想起当下一句时髦的话：你必须非常努力，才能看起来毫不费力。

穿黑色，即需如此。神秘的黑，不同材质的黑相碰撞，会生出难以想象的诸多变化。所以，当看到香港的黄伟文先生谈及自己拥有无数的黑色围巾时，颇能产生共鸣。谁说不是啊，不同质地、不同光泽的黑色围巾，呈现出来的样貌都不一样，碰撞出的，自然也就无穷丰富，丰富的紧了。

在罗马，葬礼除了其本身的功能外更演变成为一种很摩登的仪式。人们穿戴起各种设计的黑色衣，送逝者最后一程，整个现场被营造的庄重、肃立、摩登又高级……于是当你看到电影《绝美之城》里那个空荡荡的，只用一双双的黑色高跟鞋或者小黑裙装饰起来的纯白空间时，会情不自禁感慨，这分明就是黑衣博物馆啊，那种摄人心魄的美，黑暗中的高贵迷人，或许才是设计师们欲罢不能的真正原因。

你必须非常努力，
才能看起来毫不费力。

12.9 / 12.11

豹纹，需要含蓄着穿。配西装阔脚裤，加点小皮革，斯文与摩登，就都有了。

一直很有野心要把 OL 感穿出都市高级 Feel，于是，喜欢烟灰，喜欢驼色，喜欢用羊绒搭配西装裤、矮跟鞋。当然了，此时，一串珍珠不能少。

▸▸12.15

那些敢于穿套装并将套装穿的性感迷人的，都非等闲之辈。

闲来无事翻杂志，套装专题：混搭Out，套装In。这话直说进了我的心里。两年前，在我买下图中那身蓝黑色条纹套装的时候，就深深觉得，整套穿显然比拆开来更有力道。

那是希区柯克电影里的女主角，那是上世纪三四十年代的女人们。毛呢、暗色，宽肩，甚至是往上翘的……前几天看劳伦·白考尔和亨弗莱·褒嘉的定情之作《逃亡》。穿着黑白碎格纹套装的白考尔气场强大，配上她的金发，深邃眼睛，粗粗声线，好一个神秘俏女郎。

于是一扫曾经的偏见：说什么穿套装的女人是刻板生硬的代名词，仿佛只有机关公务人员或者私生活不甚幸福的公司单身女中层才会对其青睐有加。现实情况是，那些敢于穿套装并将套装穿的性感迷人的，都非等闲之辈。

那是需要个人的大气场和自信度来撑的东西。你要有颗玩乐的心，笑纳周遭人的眼光种种，无论那是艳羡还是不屑，抑或带出一丝丝的疑惑，都不打紧，穿自己的，乐呵呵，飘然而过。

那是简·柏金的Feel，那是马琳·黛德丽的Feel，在其他女人争奇斗艳

的时候，她们已经开始扮男人了，套装整身穿出场，要的就是一种中性美，高端的性感，雌雄同体。

有人说，世间进化最优质的物种，就是雌雄同体……想想，有道理。

当然，穿套装并不是为了让你沦为男人婆。你的妆容，套装以外的配件，最好是精致的。除非你长相如范爷，我相信都美成那样了，无论她再穿什么也一样有女人味。而那些面容中性的，把长发一旦扎起来，即瞬间变成了某某男士的孪生兄弟的，请格外注意了。虽然你们穿这套装倒也有着先天的优势，却又有着先天的劣势。假如是瘦高瘦高的，那么，简·柏金是学习的榜样，俏男孩风格，你们信手拈来，套装里不搭什么衬衫，只一件松垮的白T恤，那种雅痞感就帅得气煞旁人。

可同时，也请小心，纯种的男人们，尤其是中国男人，很少能看懂这种中性风，他们千年不变喜欢的是柔情似水，长发飘飘，对于什么中性时髦，另类性感，他们参不透，也搞不懂。因此，长相清淡的你们，若真要穿这套装，很悬很危险。

你必须花费更多的心思。比如，头发最好不要很短，那会强化原有的中性味道，你瞧白考尔，或者马琳·黛德丽，哪个不是波浪长发，即便盘起来，用帽子收起那一泻千里的青丝，也总会找准时机卖弄一下帽子散开时的惊艳，让人猝不及防的俘获啊，欲擒故纵，说的即如此。

搭配套装的鞋子最好是尖头的细高跟，那种让人看着眩晕不止的12厘米纤细鞋跟，精致异常，男人们会一边说着太过分，一边又禁不住一瞧再瞧。亮出你白皙的肌肤吧，露出优美脚面，行走间，不时被看到……我想，就算再眼拙的人，看到这妩媚至极的高跟鞋，也会口下留德的。

穿套装，要的就是一种“肃杀”劲儿，搭在套装里的最好是简单低调的东西，不抢了套装的风头才好。但事实胜于雄辩啊，入乡随俗啊，人言可畏这一条就让你无处遁形了。为了适应当下的国情，为了不招惹无谓的调侃，适当的，我们还是从了吧，一件明媚色的衬衣，或者高领衫，搭一条温暖又优美的羊绒披肩，或者是一只漂亮颜色的手提包，都会让你的套装Look既保持高级高调又兼具招人爱的柔美特质。

话说，我也真的是有好久没穿那身蓝黑色套装了。自从上回，剪了超级短的头发之后，穿起来，被男士调侃：阿丫，取向没变吧！

公众观感明摆在那儿，立马失掉了再穿它的心。

既然今年人家这么流行，咱也不妨落一下俗套。只是盘算着，千万别又穿成了Boy。切记，切记。

chapter 5

是你的总是你的，不是，不求

MY DIARY OF FASHION ATTITUDE

12.18

阿丫

异地恋靠谱吗？似乎没有确切答案，全看适合不适合。我承认，某些时候，我是有些不靠谱，可看看W，又觉自己靠谱的很，或者说，他在给我垫着底儿。晚上赴W的约，找出许久未碰的蕾丝衬衣来穿，毕竟是约会嘛……在这点上，我很靠谱。

1分钟前

12.20

同事阿姐说，自从一个人住，喜欢对着镜子只穿内衣做运动。

乍听起来很错愕。觉得带了些酸酸的、寂寞的神情。

转念一想，倒也好，女人，有这份自恋自赏，也是美的，尤其，是只穿了那小小的两件。

男人爱女人的内衣多还是外衣多？闺房秘话，多半是说，我更爱你什么不穿的样子。亦或者，今天，穿了哪件小内裤呀？很情色的画面，在情侣之间行走，又显得瑰丽撩人。女人对内衣的热爱，多半也是来自男人的。那种被夸赞的满足感，是会让女人花枝乱颤的。而就本心来讲，一个女人，大多数的女人们，还是爱买那变来变去的外衣，至于内里，一带而过啦。

这就难怪我那做内衣品牌的朋友一再抱怨：这个城市的女人太忽略内涵了。动辄千元的价格，穿在里面，女人们会觉得不划算，且，穿上半年或者一年，就因变形等原因需要更换淘汰，这也太奢侈了吧！大多女人如是说。唯那些已将外衣游戏玩得炉火纯青了，手头上又资金厚实、被男人开了窍的女人们，才会想到，这内里的风采啊，更加不可轻视。

倒也有开窍早的。我的一位女友，半开玩笑着说，自己从小就知道内涵比外表更重要。大学时候，她即会“花巨资”给自己买舒适有型的文胸，对于一个囊中羞涩的大学生来说，十几年前的五六百块真的不算少，而穿在外面的外套、T恤，则没多么讲究。女友骄傲地说，那时候，我是内衣比外衣穿的贵的少数案例。不仅如此，到如今都有白色底裤情结的她，无意间也带领了寝室里女生们穿白底裤的浪潮，夏季的某日，她一人只穿T恤、底裤在床上翘着腿看书，不经意间被进门的同学窥到，顿时引得那位女孩也开始钟情于白色底裤，想来，那画面该有多么动人。

试想，那些个蕾丝啊，花纹啊，固然是性感，可总觉得是演出来的，带了些斧凿的痕迹。而这白色的、纯棉的，小小的底裤，是原始的纯真，也是

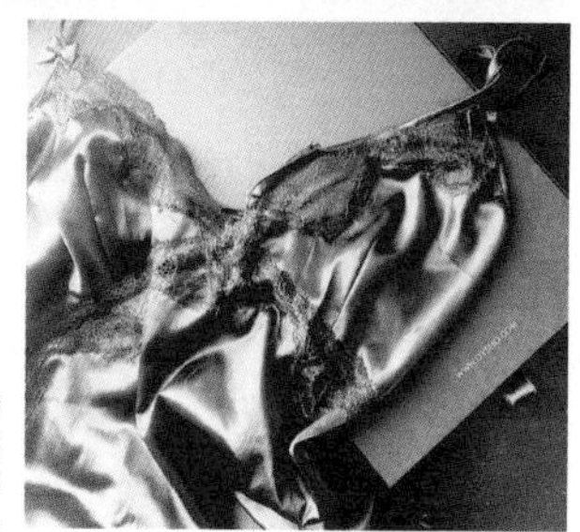

La Perla，充满意大利味道的浓郁奢华，那股优雅神秘感，吸引。

我所以为的最本色的性感。

发现周围女人无论多大，热爱简单舒适款的居多，少数那些热力四射的姑娘则会兴高采烈地告诉你，她爱那透着些野性的豹纹内衣，尤其在与男友老公约会的时候。维多利亚的秘密，小豹纹，心头大爱。

哈哈，很爱这种直接，也觉得她们的男人很幸运。尤物这回事，有时候不仅仅是罩杯有多大，面孔有多靓，而是一种自在的、撩人的情怀，有了这样的情怀，不性感，难啊。

说到女人的内衣尺码，想起《欲望都市》里的一幕。刚刚遭遇母亲离世的米兰达，心情糟糕的跑到店里买内衣，一位服务热情、面孔很像苏珊大妈的店员径直进到更衣室来帮其试穿，这让米兰达相当的愤怒。“我知道自己穿几码的内衣。”店员毫不理睬，依然用她的专业度来协助顾客，几近崩溃的米兰达终于控制不住了，歇斯底里、嚎啕大哭，两个女人，其中一方还是坦胸相见的，就在那一刻，没有了芥蒂，陌生人的温暖关怀让米兰达感到了未曾料到的感动，而且，正因这位过分热情的女店员，米兰达才发觉，多年来，自己竟一直选错了内衣尺码！

女人，究竟多了解自己，有时真是一件难说清楚的事。如此私物都难确定，着实叫人唏嘘。看电影，男人送上性感内衣，居然是正好的尺码。女人会幸福着轻轻问：你怎么知道我的尺码？男人答：你身上的每个部位我都了如指掌！

顿时掉进蜜罐里。

阿丫

你说，女人，是喜欢被夸漂亮多一点，还是喜欢被赞身材好？？？#晨起瞎想#

1分钟前

›› 12.22

大降温，冻得人缩手缩脚，羽绒服，赶紧请出来。

假如说，冬日里，女人裹得严实，没什么看头，男人这边，情形同样如此。身边爱看美剧、英剧的女人们往往容易犯这样一个错误，看着电视上的DAN（《广告狂人》男主角）、神探夏洛克……会禁不住牢骚满腹：你瞧人家多有型，大衣、西装，So Gentlman, 为什么我的男人就不这么穿呢。

一方面，我们一遍遍提醒着自己，那些都是“云上的日子”，别当真；另一方面，我们也难免愤愤不平，女人们，好歹还在为冬日里的大衣和羽绒服之争消耗脑细胞，男人们，却似乎很容易就达成了共识，一件羽绒服，甚至一件冲锋衣，搞定。

温度显然不是重点。在车子、屋子里的时间远远多过户外行走的男人们，

其实就算穿羽绒服，他们的内搭也很少，禁不住在微信上发问：为何身边穿大衣的男士那么少？

一位摄影师回复：其一，不方便；其二，太挑人。在很多中国男人看来，大衣是种很“装”的东西，而不喜欢“装”的中国男人对于这种造型度多过实用度的东西不感冒，他们会觉得穿得太板正的自己很做作，却忽略了，腔调其实是另一个体现自身品质的东西；中国男人们普世的价值观觉得，事业上的成功是彰显个人分量的唯一指标，至于穿着、外形？花拳绣腿的玩意啊。你瞧，这直接就扼杀了多少中国妇女欣赏型男的机会。

在中国男人最“装”的城市上海，你会看到稍微多一些的大衣男，即便是个子不够高的，也会选择短款的羊绒大衣，搭一条围巾，很是体面。而在其他地方，就不容易看到那么多的大衣男了。

至于其二，真是一个现实问题。就像经典的卡其色风衣，老外穿了格外的正，亚洲人穿起来却会看上去很怂。身边有品味不俗的男士总结说，个高、脖子长、脸小的人穿了才好看，否则，比例不协调，显得矬儿。于是，也就难怪小短腿的中国爷们鲜穿这及膝长度的大衣了。

实用且适合东方人的大衣，还是那种刚刚包过臀的短款大衣，或者就叫外套吧。40 岁之前的男人穿那种带着岁月感的粗呢外套有一点的怀旧，一点点的学院风；而 40+ 的熟男们，我格外爱看他们穿质地柔软的羊绒外套的样子。每次去 Ermenegildo Zegna，摸到那些软到心里的羊绒面料，瞬间就融化了，自己的男人若穿成这样，该多好。

最近在看《傲骨贤妻》，律师楼里的男人们，在用智慧和口才进行着职场博弈的同时，他们穿西装，穿正点的毛呢大衣，那份社会精英的品质感会跟着迎面扑来。Cary，一个不算男二号的可爱男子，金色头发，有着迷人的坏笑，西装外的驼色大衣让他看上去很有型，难怪如今会有众多的大牌杂志邀他拍时装照，那金装男的样子啊，就是卖点。

还像刚才说的，这些男神极的人物，对我们平凡人类而言终归是云上的日子，中国男人与大衣的交战实情，套用我朋友的微信回复吧，他用东北人特有的幽默表达了男人之与大衣的爱恨交织。男士们，不穿大衣的你们，足可以原谅了。

毕竟，“冬天，在大北方，年龄大的穿大衣直接冻死；中年的都是酒彪子穿大衣系不上扣子；年轻的一直买不到假大牌的大衣；至于我，被大衣绊倒摔伤了，在住院……

哈，那个有型的东北矮胖子！

12.23

进入圣诞模式。连续几日，轮番的庆祝活动，而红色，是大主题。公司 27 日要做“鸿运当头”啤酒趴，定的着装要求当然也是红色。作为策划执行人，自己的衣裳，首先搞搞好。选了这条红裙，如今很少穿这种修身款了，却必须讲，上面写着我的名字。

▸▸12.28

昨天最终变成了一场催泪大戏，这真的没想到。

“鸿运当头”啤酒趴如之前料想的轻松好气氛，F终于等到了在公众面前献歌的机会，田震的《野花》被她唱得情意饱满，我站在一旁听的脸上麻酥酥的，你看唱歌时候的她，很难与平日里那个随性、无所谓的“女男孩”联系在一起。

略微遗憾的是女士们的红色着装无甚新意，倒是男士让我眼前一亮。做古董生意的赵大哥在我提前一天的邀请下，准时到场，黑色羊绒外套，基本款的大红羊绒围巾，简单又高级。更巧的是，当天是他生日，具体那是多大的生日，这已变成了不重要的事，在我们一帮朋友眼里，他是这座城市的旗帜，旗帜嘛，永远三、四十几岁吧，永远定格在某种状态里。

感动于他的诚意，毕竟是许久未联络的人，前次通话是我新书出版的签

售会，他第一个前来，然后为赶下一个场子，匆匆离开；此番又是，人和人的交往是需要用时间来检验的，那些重情重意的人，即便不多联络，还是会给你带来一份诚挚的感动。也正因此，红趴之后，便跑到大哥的老房子为他庆生。

那儿一如既往的宾客迎门，一如既往的以画家、诗人居多，一如既往的海鲜流水席，敞开供应各种酒水饭菜……只是当晚的他挺伤感，头一次，我听到了一个不再年轻的老男孩说出他的寂寞孤独，“有这么多人爱你啊，别难过……”知道这种话讲的毫无分量，可，又能说什么呢，或者不如不说。

一个画家讲：“大哥啊，你该有一场很棒的爱情……”午夜时分，听到这样的话，不觉得矫情，也不好笑，反而是一种久违的、很沉的感觉。在当下这个年代，谁还会张嘴闭嘴谈及爱情啊，尽管谁又不渴望爱情呢。

大多数人会用一副过来人的口气说一句：爱情只是奢侈品。

而这些艺术家们，在理想国里相互慰藉、取暖的人，保留了那份本心，所以能轻松自然、毫不做作地把爱情讲出来。

临别，大哥送出门：我是个一谈恋爱就智商为零的人……心里一揪，同类啊，我知这类人的真诚与脆弱，希望我们都好。

一早起床，还陷在那种感动里。给大哥发了条短信，祝他快乐。这个世界，冷漠的人太多，练就刀枪不入的人也太多，或许像我们这样的人，永远都学不乖，学不聪明，可至少，为了这份相似的执着，我们该彼此致敬、关照。

买了飞机票，去大连，我知这多半会是场无望的行程了。可心里还炙热，终要给自己一个交代啊。

想起胡紫微说的：带着满腔雄心壮志而去，然后，铩羽而归。嗯，仿佛是在说我，只是，略有一点的区别是，在做这件事之前，深藏我心里的更多的情绪是，知不可为而为之。说得好听点是和诸葛孔明当年做了相似的事儿，说得难听一点，就是不撞南墙不回头，不见棺材不落泪。

心下想，因为W，这是最后一次吧。至于接下来，为了我自己，不知道还会有多少回。

老 Ryan 说，时间不多了，要抓紧时间谈恋爱。

那个嘴巴刻薄的人。却也说出了部分事实。嗯，为爱情埋单，值啊。爱情是奢侈品，就当给自己买了一个大大的奢侈品吧，Prada，爱马仕，或者那只卡地亚的小豹子……

起飞前，大哥回复短信：多谢阿丫，昨天喝大，今日倒醉……回：尽兴就好……关机。

是的，各位，尽兴就好。

›› 12.30

阿丫

花心的人需要花心的人来收，善作的人总有善作的人来懂得，一个萝卜一个坑，你都不寂寞。

1分钟前

▸▸1.1

幸亏定了 31 号回青的机票。太明智了。

W 之前听我要来，说，在这儿跨年吧。

想想还是要和能带给我温暖的人一起。W 带给我的，更多是不安，是说不准，是冷暖自知，我不要将新年伊始，在自行摩擦生热中度过。

不欢而散印证了我的顾虑不虚。其实没有什么直接的矛盾，更没有突发事件，就是他常态化的自我中心，这些就足以让我死心。

下午，一个人逛大学。当我坐在结了冰的池塘边上看着周遭的南来北往时，突然想起我那位恋爱奇才 Rachel 小姐的话：这人身上没有爱啊，带不给人温暖，还是算了吧。

当时听了不以为然，此时，大冷天的，一个人，突然觉得这话特走心。是啊，说实话，我对 W 并不了解，不了解他的过去，不了解他的内心，很多时候，他给我看的只是表面，一个躯壳：考究、直接、有趣的躯壳，仅此而已。

预感着，自己是不会再为 W 来这里了。

叫上出租车，拉着我在逐渐空荡的马路上闲逛。晚上 10 点钟的时候，W 电话过来说，他把自己发配到了距城几百里外的某某村庄，他的理由掷地有声，刚和对方进了会议室，刚开始谈事情，刚要准备吃饭，你，自己照顾自己吧……

只剩了“呵呵”的力气。没有愤怒，没有失望，一切都是意料之中的事情，是的，我只需要一个了断。

或许，自我意识太觉醒，是都市大龄单身女人们最大的麻烦吧。终归，我不具备中国传统妇女的优良美德，低眉顺眼，逆来顺受。

去了 W 就职的地方，一个在我看起来很大，很大，却毫无美感的地界。跟司机师傅说，在里面转转吧。W 就职的地方规模大的像一个县城，地产、园林、温泉、酒店……路过温泉门口的时候，刚泡完澡的人三三两两湿着头发出来，嬉笑着，很欢乐。与夜色、街灯交相呼应着，真好。人还是群居动物啊，即便天黑，即便零下 10 度，有朋友在，有家人在，就有欢乐在。

拍了不少照片，把 W 的角角落落拍个遍，有一张，是他经常在微信里放的冰雕，霓虹灯光映衬下，此时发着萧瑟冷落的光，高傲着，神情冷漠，自顾自的，谁说不像 W 自己。

有好几次打趣他：这究竟是些什么儿童作品，大费周章，土豪得很。

对方不服，一千一万个理由等着你。这个自命不凡的人啊，孩子气，老男孩……起初只觉有趣，如今回想起来，谁说不是分崩离析的源头。

元月一号。是F的儿子本本的生日。对小孩无感的我，却打心底里喜欢这孩子。一来，他是我最好朋友的孩子，二来，也的确是聪明伶俐。F说，一定要找个优秀的男人生孩子，基因这事儿太重要了。本本调皮任性，天生超有眼力见儿，很懂得见好就收，很懂得讨好女孩子。

跟F讲，他未来定然是泡妞高手。哈哈，有个可着劲儿捯饬造型的妈，有个可着劲儿会赚钱的爸，本本，这情商智商的双料冠军，错不了。

中午参加生日宴，一扫昨晚的萧条冷清。嗯，这才是自己的主场啊，这才是自己人。

新年，从本本的喜庆生日开始，欢乐起头，祝各位欢乐度全年！

阿丫

生为狮子，就该如此认真，勇猛，无私，向前，孩子气……

1分钟前

▸▸1.5

要我说，手套对女人，就好比眼镜、皮夹之于男人。那是在冬日里必备也极彰显格调的物件，马虎不得。很难想象，一个提着 Hermes，身穿 Max Mara 羊绒大衣的人，对于手套会粗心大意，用我朋友的话说，细节暴露了出身。

最近在琢磨着买副新手套。之前和 W 在大连，他那副黑色手套，是全身上下最看得顺眼的东西。这个整天让自己串行在工地和乡下的嘚瑟男人，Prada 冲锋衣被穿的不如一件 The North Face，牛仔裤也是肥了不知几个尺码，只有那副被他忘记戴，扔在车上的小羊皮手套，正点、低调、血统纯正的样子，还像我当初认识时的他。

开始怀想了，打住。继续说手套。

曾经看 Hermes 的工匠现场制作一副手套。从挑选皮料，为顾客比量尺寸，然后精工细缝，做出来的手套是艺术品，透着品牌一丝不苟的卓越追求。而作为普通人，轻易不会跑去消费这种奢华，却也该在挑选手套时有自己的一套操守。比如，手套一定是要合手型的，不要显出半分的肥坨，否则会看上去很不精致。女人戴手套嘛，最好还是能戴出几分的娇俏感，而这女子的娇俏之处，在指点江山的不经意瞬间，就能窥得一番了。

假如不合手？肥了？那是断然娇俏不起来的！

对于大多数人来说，选手套首先是选颜色。黑色是入门首选。且一副质地精良的黑色手套是身份和个人品味的象征，自然马虎不得。今年我的口味变得有些不安分起来，许是黑色手套戴久了，觉出几分的乏味来。而且，冬日里衣服颜色本就缺少变化，手套成了画龙点睛的一笔。于是琢磨着，买一副颜色特别的手套吧，搭衣服都会很好用。法国国宝级女星伊莎贝尔·于佩尔在《权力喜剧》里自始至终戴着一副大红色的短手套，无论是穿墨蓝色的西装外套，还是毛呢修身大衣，那深沉中的一抹红色，和于佩尔轻薄尖刻的

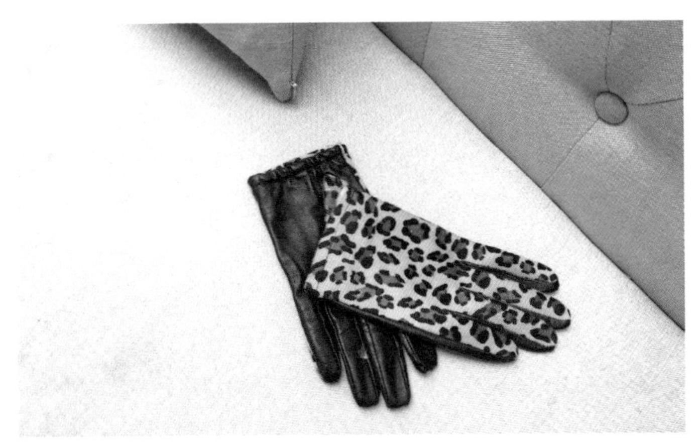

红唇交相呼应，一个老了也依旧好看的女人啊，善于把握这刚刚好的色彩分寸。

抛开实用度不谈，戴手套在我看来还有着某种文化上的传承。最先让人想到的就是大不列颠的皇室腔调。也正因此，买手套的时候，英国品牌深合我心意。大众熟知的 Burberry 是老牌绅士，不多说了；当下最得意的当属 Mulberry，英国首相卡梅伦来华时赠送彭教授手套做礼物，小小一件，礼轻情意重，选的就是这和 Burberry 在拼写上颇为相像的 Mulberry。话说该品牌其实应该感谢 Kate Moss，最早拎着他家的皮革大包行街，小桑树 Logo 顺势走红，如今，由首相带至中国，官方认证一般，相信该品牌也会在国内土豪界狂刮一会吧。翻查网上代购，这低调乖巧的蝴蝶结手套在 3000 元左右，可见身价。

相对这精致内敛的手套奢侈品，充满摇滚情怀的英国还有不少价格平实的手套选择。我个人比较钟情于 Dents、Accessorize、Topshop 等平价品牌，代购价格都在千元以内，且设计上秉承了英国人特有的闷骚气质。太张狂的不是我的菜，太忠厚的我也不喜欢，那锦衣夜行的妙，谁说不是另外一种腔调呢。

如今特别想尝试的是婴儿粉、爱马仕橘。伴着薄荷蓝、婴儿粉外套的流行，婴儿粉色的手套会让我这尚未做好准备穿粉色大衣的人尝尝鲜，找找穿亮色的感觉。至于优雅的橘色，是冬日那些黑色外套的绝配，让黑色不显沉闷，为通身黑画上别致的一抹。

除了一色的手套，豹纹和英伦格子也是经典选择。最近看好一副Topshop的格纹拼接皮手套，要扮学院风，书卷气，这样的格纹不可少。而作为喜欢奢华浮夸的狮子座，豹纹手套自然也是心头好。只是，本就属于华丽的配件，质地一定不能粗糙了，否则会显得寒酸又廉价。

朋友推荐，Reiss的豹纹短手套，摩登里透出点英国式的小戏谑，低调精巧，刚刚好。

好吧，这个冬天，我用这副手套，向英伦格调致敬，然后，挥别我的爱情。

阿丫

太张狂的不是我的菜，太忠厚的我也不喜欢，那锦衣夜行的妙，谁说不是另外一种腔调。我说选衣，你说，选男人亦如是。

1分钟前

▸▸1.10

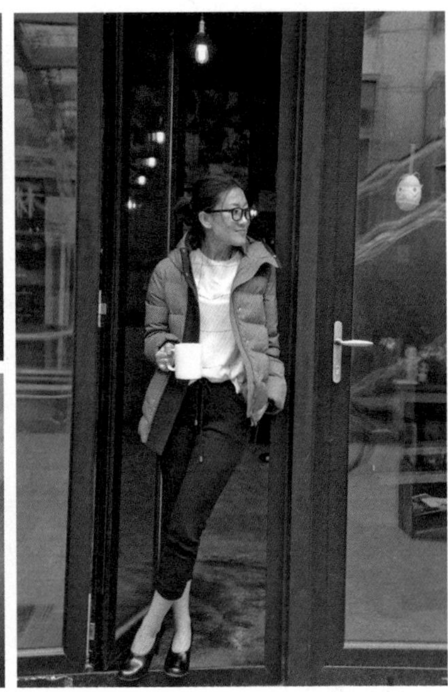

和久未见面的女友 Dina 小聚。她一眼看到我穿在身上的棕色羽绒服。要不怎么说 Dina 是高手呢，这件刚入手的新货，本以为式样普通不会被注意到，经 Dina 一夸，我忍不住暗喜了：看来白花花的银子没有暗投。

那日逛百货店，瞬间就被这件日系的，样子规整的，中规中矩的羽绒服给拿下了。翻价牌，作为羽绒服，贵的让我咋舌。一同前往的朋友迟疑着说，不是去年买过一件吗，这个，先算了吧。

我却怎么也算不了。她说的那件，黑色，棉被款，澳洲设计师的浮夸之作。去年一冬，几乎全靠它了。且那硕大的一件啊，吸睛度极高，包括挑剔的 Dina，在看到我穿之后，也不好意思地说：穿和你一样的，会不会不高兴？

今年它却失宠了。神经敏感的人，突然就厌烦起了它身上的那么一些虚张声势。突然就觉得还是低调的，长相传统，却在面料、细节上巧工细作的基本款羽绒服更走心。

大家闺秀做派啊，哪里有要酷炫技的？不都以一种正统的，近乎保守的外表在诠释？骨子里透出来的明媚淡然，看着更优质。

今年一再地感慨：能把羽绒服穿出腔调来的，才是真女神。翻街拍，安吉丽娜朱莉，贝嫂，还有愈发干瘪的萨拉杰西卡帕克……一件羽绒，一双雪地靴，那气场丝毫不输她们优雅摩登的大衣装。已经N久不翻日系杂志的我，偶然翻出一本新近的《瑞丽》，嗯，他家的模特十几年如一日风格不改。而此时推荐的羽绒服，也是一贯的斯文、含蓄，乖巧模样。至于几位看家花旦，显然脸上有了岁月的痕迹，而让人佩服的是，杂志很懂得保持模特们身上那与岁月一同走来的痕迹，没有过分的修片，那份真实感，美的不假不做作，和她们的穿衣风格一样。

最近在重读《围城》。当中一句：安心遵守天生的阻止，不要弥补造化的缺陷……钱先生如是形容唐晓芙身上那种从容自在的美。同样，也契合了日本杂志对于女人成熟美的理解吧。

没有挖空心思的遮掩，没有充满心机的修饰……如同今年我爱的羽绒服的模样。是的，回归到十年前的样子了。用它搭牛仔，搭紧腿裤，或者，像杂志上模特们那样，配格子围巾、珍珠项链、真丝衬衫……这进可攻退可守的自在啊，真是好。若论衣橱里的大智慧，她，算是了。

你说那些个立体剪裁、不规则造型之类的衣服吧，拉风是拉风，可就是难掩一种浅薄的浮夸。我更爱四两拨千斤的美感，不炫技，不卖弄，甚至不用剑走偏锋，就这么接地气的，不慌不忙做自己。

看看十几年仿佛都不曾变化的日系杂志，看看这传统“老样子”的羽绒服，嗯，我知道现下的我真正喜欢什么了。

1.12

与一位男性作家聊天，对方调侃，不敢在网络上“胡言乱语”，因之前有教训，说了一句，不做家务，于是遭致女权者的炮轰，接连数日，怕怕。

与一位四字头女闺蜜饭局。她坦言，不喜欢现在的男人，也不喜欢现在的女人。

为什么？男人不 Man 没担当，女人不温柔，只懂得争强好胜、抢地盘，遇到大事儿，还摆出一副“我是女人，你本该让我”的气焰。

参加一个访谈栏目，认识一位 30+ 女纸，孩子已上小学，自己前凸后翘、明眸善睐的样子。问其心中理想，女纸眨眨眼：做个人见人爱的妖孽。

上述三件，是最近颇让我感慨的桥段，看似无关联，却又有着某种联系。说到底，抛出一个问题，怎样才是女人该有的样子？男人和女人，真的就是完全一致了，才能叫作平等？

经常会听到事业有成、强势能干的男人讲，别嘚瑟了，要学会顺从。起初很反感，心想着，都什么年代了，你究竟算老几……倒有脾气好的男人面对反驳，赘述一句，你示弱了，才能体会到示弱的乐趣。

即便再女王病的人，也瞬间哑然。似乎听懂了其中的道理。几十年光阴不是白过的，前前后后，兜兜转转，总也有些人生阅历，你说，一个女人争强好胜要独立，然后，和男人争“主权”，然后，

这个社会，男人越发的不Man，女人越发的汉纸，你说这怨谁。当你抱怨着现在的男人缺担当，自己的女闺蜜反而比男人更可靠时，是不是也该反思，是谁造就了男人的无力。

更何况，和男人“求主权”的这场鏖战啊，好辛苦。或许，有那种拼尽一生，坐定女王的人，可我更爱看上面说的那位30+女纸，她娇憨明媚，却又世故聪明，这样的女人啊，是尤物，她懂得，无论时代变成什么样儿，无论女人多么强，以柔克刚永远是真理。

想想也是，与其树了个强势的对手，何不邀其做朋友，再或者，撒个娇，卖个萌，毕竟，你是女人嘛！哈哈，瞧出来了吧，我是无力做女王的人，即便你跟我讲做女王多有Power多闪耀，我也不想，好累，太辛苦。

或许，我说出上述言论，会遭致比我能干的美女纸们的不屑与炮轰。好吧，只是一家之言，欢迎点评。只是，我想知道，如你这般独立美丽的优质女，亲，你是需要举案齐眉、和你一样智商情商双高的男神，还是温柔细腻、无需志在千里的顾家暖男？假如是前者，请听我奉劝，那样的男人，最需要的就是柔情无限。人家一点不缺脑子、不缺强势，你跟他拼口才拼观点，最终只能是彼此渐行渐远，相看两厌；假如是后者，那自无话了，这个时代流

行暖男，也不是没有道理，只是女人们，坐拥了暖男，就不要再去抱怨人家没担当，赚不到大钱，一个巴掌拍不响，相信，你懂的。

究竟怎样的选择才是明智的？这事儿自然是因人而异。需要说的是，当你权衡利弊做出选择，就请认定了走下去，每条路都要付出你不情愿的代价，只看哪一条更开怀。毕竟啊，无论怎么选，都是开心最大。

chapter 6 对你说，万象更新

MY DIARY

OF FASHION

ATTITUDE

1.15

提前传版，今天是杂志送印厂的日子。周围早就飘荡着年的味道了。前几日去商场，人头攒动，音乐热闹，即便不购物，单那么走走转转，也添得一身喜气。

朋友早早放假，飞去马来西亚享受日光，看着微信里的吃吃喝喝，我的心也跟着飞了去。真想赶紧结束战斗啊。可转念想，年关难过，尤其对单身人士而言，这个时候，呆在家里的时间越多，意味着你接受长辈负面情绪的流量也愈大。

匆匆过去的这一年，倒也不是空白，尽管颗粒无收，可经历过的，就不会抹去，遇见了总是好的。

想起钱钟书先生对人生的总结，以吃葡萄做比，无非两种。一种是对着一盘葡萄，先吃大的，再吃小的，然后在回味之前的美好中度过余生；另一种，先吃小的，再吃大的，甜到最后，却又不得不说上一句，夕阳无限好，只是近黄昏。

当然了，敏感善思的你会说，还有其他的选择嘛，人生不会非黑即白只两种。同意，而单就钱先生的这两种论，我更倾向于前者。回忆不也是很美好的吗，与其老了再去力不从心地体验美妙，我更喜欢

现下美好。

Green 在 QQ 上煽风点火，过年组个附庸风雅的局吧。寻一处茶室，焚香煮酒行酒令……那个琴棋书画样样精通、想法总是天马行空的姑娘啊，在我眼里根本就是精灵，虽然我自觉行不出什么酒令出来，可时不时就内心骚动的我，太需要被激发了，也正因此，我对于如她这般思想活跃、行为乖张的动物格外的喜欢，对 Green 的建议我举双手赞成。

最好穿的喜庆些，我想买个花旗袍！

Green 电脑那边说。

真是所见略同啊。昨天刚刚看好一件绣着善财童子的中国红旗袍。办公室里征求 Ryan 的意见。他说应该会好看。尽管对着电脑看图片，很是担心驾驭不了变村姑。但男人的眼光总和女人不同，尤其那个敏感的天蝎座男人：信我吧，穿上肯定娇俏……哈，好喜欢这个词，还犹豫什么呢，赶紧拍。

››1.18

人的想法是会变的。几年前，假如有人问我，买过年新衣了吗？嘴上不说，内心里却会升起老大的鄙视出来，每月都在买衣的人啊，谁还赶这一时呢。

今年却不同。尽管依旧是在每月的买买买，却打心底里不满足。中国人最看重的节日，假如只是穿些平日里的衣裳，是很无趣的一件事。弘扬传统文化这词儿吧，似乎不适合从我的嘴里说出来，可又真的是在这个时段很想大声疾呼的穿衣主旨。许是最近一年 Party 做的多了，愈发觉得很多东西精彩不精彩，其实就是自己的一个念想。设计一下，也许就会化平淡为神奇。你说参加那些个大大小小的主题派对，都要按主办方的着装要求登场，更何况是这全国总动员的传统大 Party 呢。

所以这个时候，假如谁跟我说：一直都在买新衣啊，何须为了春节再买？

挑剔的我又会哼哼两声了，春节大派对，怎会和平日一样？

连 Instagram 都跟着更新了春节的喜庆版本，你，自称爱穿会穿的你，

小团圆

一个女人，很重要的质素便是有情趣，
而那个“趣”字，其实颇费思量。

当然也要升级更新了。

虽未遍发全国性的派对邀请函，但这个全体华人心里都存在的派对邀约里，着装第一条，便是喜庆。中国红是最方便易行的，至于其他的中国元素，就更加的应时应景了。亲们，看看你的衣橱，新春着装，真的准备好了吗。

一件旗袍是新春时候的喜庆标配。却不是那些被中年怀旧妇女们早就翻炒多时的传统款式。那些沉闷颜色的香云纱旗袍啊，或者画着梅兰竹菊的优雅式样，不是不美，只是会有老气的嫌疑。一件充满时髦精神的旗袍是要有幽默气质在的。图案上的欢乐，剪裁中的现代感，只取传统旗袍的轮廓，呈现出的却是摩登洋气的新旗袍风采。我一直钟情于那个英文被写成是 Shanghai Tang 的品牌，字迹分明的东方元

素，拜财童子，闲云野鹤，被那些或浓或淡的颜色渲染着，顽皮又有趣。

一个女人，很重要的质素便是有情趣，而那个“趣”字，其实颇费思量。有了它，即便你不漂亮，不年轻，不窈窕，却依然会让人觉得风情万种，可假如没有，即使你再优雅、再美艳、再年方二八，初见时或许会有几分的闪亮，待时间稍久，就会跟着飘出一些的乏味来。

与旗袍功力相当的，还有那种东方元素的马褂、格格装。喜庆的锦缎质地，或者丝绒，用它们搭配牛仔裤、羊皮短裙，都是时髦的选择，且她们不像旗袍对身材有着苛刻的要求，假如你是气场十足的女子，肥肥的马褂、格格装会把你捯饬的娇俏之余还添出几分的顽皮与霸气。我极爱那种外表是黑或深蓝色，内里却以桃红或者嫩绿的丝缎包边的中式装，不经意间一抹香艳，是东方女子最擅拿捏的美。

当然了，假如你对自己的身材、气场无信心，假如你不喜欢太过中国风的穿着，那么就用一点小物件来应景儿吧。一双东方元素的刺绣鞋子，或者一条锦缎围巾，都会让看似常规的穿着显出春节该有的喜庆。

毕竟春节嘛，国际化不是重点，添些中国元素，才对路。

1.23

参加一个服装品牌的分享活动，邂逅了多年未见的Liz姐。我们彼此的记忆停留在几年前去她家的采访。彼时，带着编辑摄影师过去，关于衣服，关于品味，关于女人生活，是大多数时尚杂志绕不开的寻常问题，浅显而表面。匆匆一别，此番再见，Liz的第一句话是，当年你们的编辑把我的夏姿陈写成了Chanel……

呃……如此低级的错误让我汗颜，面对这位投诉人，我只有抱歉。很巧的是，今天她穿的喜庆红袄又是夏姿陈，配的是一条15年前买的Agnes b.家的黑色百褶长裙，15年前……听这话，你能知道，眼前这位看上去比我大不了几岁的姐，正如她言，不年轻了。

三言两语之后，却不由得喜欢起她来。之前对她的印象，定格在夏姿陈、Gucci上，记得当时她有一只叫做Frank的大狗，当时她已婚，当时的她，风风火火，言语犀利，然后，她有一张漂亮的脸。

如今，听她讲话，那带着云南乡音的普通话，听上几句，你就醉了。还是那么的能干，漂亮。问近况，得知Frank去世了，有一只叫做May的博美陪在身边；她离了婚，一个人，住在180平的房子里，Liz直言，自己现在不喜欢住大房子，180平，对她来讲，都是大了，她恨不得把那张很有民国风的大床换成一张单人床。

曾经的几年间，她傻瓜一样的希望自己做到完美，事业成功，贤良淑德，品味一流，漂亮婀娜，勤奋不惜力的天蝎女做到了，可她的婚姻却结束了。

Liz说，后来才知道，不是自己做的不好，而是做的太好……

这让我想起《绝望的主妇》里那位金发端庄的完美太太，一个太完美的女人给男人的压力有多大，或许这话说的残酷，不知情的人做出无端评论都是缺乏教养的表现，但完美，希望自己做到完美，似乎本身就有问题。

相对完美，我更爱王安忆的那句，世间最好的男女关系，都是死缠烂打……

却真的很爱很爱眼前这个女人。那么美，那么优雅。她会很真心的对你讲，不要期待男人给你什么，要独立；最好，同时和几个男人交往……

头一回听这样的话，感动的要落泪。这当然不是教着你脚踩几只船，只有同类才懂得当中的潜台词。太容易认真的动物，对每一段都是掏心挖肺，敏感惆怅，这样的结果，势必是累了自己，更殃及别人。

很想上去抱她。我们都不是水性杨花的人，甚至，我们比大多数的人更多了比干一窍，只可惜，这些对爱情无益。我们更该学习的是如何提升钝感力。

在她的寓所里，临窗，看她泡茶，一盏一盏茶具，精巧，旧旧的，多来自日本，有几千块的银质小茶漏，有因喜欢样子而从飞机上顺走的玻璃杯，悠悠的，Liz调侃：是不是很没素质……

巧笑艳歌，又能比这怎样呢。Liz说，女人就是要，到老了，还能被人称作小姐。就比如赵四小姐。所以你要有修养，要对自己严格要求，不要早早就露出慵懒庸俗婆娘相。

看她的家，古典不浓重，华丽不聒噪，带着不漏锋芒的书卷气。窥过去，你能想见她的喜好，那些恰到好处的美感内涵。一个深闺大院里的精致贵族啊，只是，很多时候，这个贵族不开心。

Liz 说，她最想要的，老天爷没有给她。她最想要什么，婚姻，孩子……每个人都有每个人不同的内心渴望，假如达不到，失落是必然的，即便，外人眼里，她已经拥有那么多，金钱，美貌，风情万种……

出路在哪里，聪明的你，能告诉我吗？亦或者，想去解决掉，本身就是另外一种执着。

你要认……这是几天前一位渊博风趣的男士告诉我的。是，我认。认了，才能开心，才能真正的接纳，才能在心底里腾出空来迎接快乐。

和朋友讲，感觉我们更容易得到快乐，尽管我们没有多少钱。

朋友答：平民老百姓不都如此嘛？吃饱一日三餐，老婆孩子热炕头就很好了，活的很糙，活的很热乎。

醍醐灌顶，像是惊醒了梦中人。只因最后那几个字，活的很糙，活的很热乎。

生活不是特一粉，生活更像粗粮，尽管那些时尚杂志一遍遍的告诉你我要举止优雅，要有品位，看久了，我还是觉得糙些更好养活。太讲究了，反而辛苦。就如同，最近突然喜欢起了青岛小哥来，之前那么的不屑，觉得他们粗糙浅薄不学无术。如今，却看到了满身的仗义、豪气，像个纯爷们，真是受够了那些的“谦谦君子”、仁义道德，虚伪的很啊。

糙糙的挺好，我喜欢糙糙的汉子，上天啊，请赐我一个糙糙的热乎乎的纯爷们吧。Liz，你要嘛？

▸▸1.28

许久未见的朋友说，越来越像日本女孩。呃……低头看，小个子的小简约，真的很容易就变成了东京 Style。

2.1

下了好大的雪。

我像是穿过童话世界去上班的。好久没见过那么洁白、厚实的白被子了，对这个城市而言，雪厚且干净的有些不真实。年后首个上班日，本想着穿得喜庆些去拜年，可转念想，假如踩着高跟鞋，却在雪地里打不到车，可不是件美好的事情啊。

嗯，我的那件旗袍，是必须要配高跟鞋的。

索性还是踩上机车靴，牛仔裤，穿上羽绒服，老老实实出门吧。

中午有个约了好久的会面。彼此认识已有一段时间，却一直未见过。通俗点说，可以算作相亲吧，朋友口中，这是位爱猫如命的人，这样的开场描述勾起我不小的兴趣，加了微信，此人朋友圈里发的帖子，也证实了这一点。他会给猫咪配上各种幽默的文字，你能从字字句句里窥得一颗童心。

同事大都回来了，刚从台湾过年回来的 Ryan 显然心情靓丽不少，嘴巴也不像平常那么刻薄。见到我，满脸笑意地说：胖了吧，没那么“扣”了，好看。

青岛话里，称呼尖刻、脾气坏的姑娘叫“小扣嫚”，被他这么说，一直对自己过年长胖这事儿耿耿于怀的我倒开心起来。

趁好看，赶快相亲哈，春桃，加油噢。

得，我有了新花名，春桃。这就是 Ryan 的能耐了，明明知道不真实，明明带着一些的损意，却能搏人一笑。想想中午的会面，尽管自己的穿着很不适宜相亲，可既然面若桃花，那自然比什么都好了。

今年，会有怎样的收获啊……有些飘飘然了，各位等我的消息。

2.3

天气预报说，今天将是这段时间最冷的一天，不适宜晨练。

早上 6 点半醒来，已经有些日光透过窗帘照进屋里来。该是我跳操的时间，却突然升起一丝悲苦来。自己对自己也太严苛了吧：运动 1 小时，然后，背背英文单词，然后吃饭，看电影，再然后，写上一小时的字……如此这般，对于一个三十开外，尚待字闺中的女子而言，是否过于严苛了？这可是周末啊，且是未出正月十五的周末啊，我却对自己这般的军事化管理。

但转念想，不如此，又能怎样呢？放任自流，游手好闲？一个容易产生不安全感的人，是不允许对自己有太多懈怠的。看着镜中的自己，是真的肥了啊，脸胖些倒是好现象，捏捏腰，啧啧……

我身边的爱衣之人，多的还是些善良、爱美的单细胞生物。

那天的会面后来我没提，相信大家能猜到八九不离十。又没戏呗！

或许是带了太多期待去的，也就添了更多的沮丧回来。本以为是个幽默的人，没承想却是个自我感觉良好的奇葩。举止上倒是一等一的彬彬有礼，那是他用来抬高身价的绅士表象，也正因这种标榜、做作出来的好品味，好格调，表现在言语上，让我甚恼火。

“我对衣着要求很高，我对审美要求很高，我对一个人的内涵要求很高……”这些倒都罢了，看着窗外一对相互搀扶在雪地里行走的人，此君向我表达了他的高审美：你看，就比如这两个人，他们的衣服也就是御寒而已，根本就不叫穿衣服。

头一次，我觉得一个穿衣挑剔的人是这么的面目可憎。

好吧，只是碰了个奇葩而已。毕竟我身边的爱衣之人，多的还是些善良、爱美的单细胞生物。

突然想看《欲望都市》了。想想这一年来的反反复复，从结束上次的恋爱长跑之后，遇到的人也算不少了，而真正适合结婚的却未出现。这是让人很郁闷的事，需要从那四位刀枪不入的纽约客身上把勇气找回来。

果然，刚看上，就入戏了。那些模特癖，那些坏脾气，那些不婚族……被我遇到的，都是小儿科嘛。《欲望都市》里几位金发碧眼的姐妹儿也曾遇见过，甚至还有更加叫人蒙圈儿的对象。好吧，隔空干杯，你我都要加油，既然最终你们都有了好归宿，相信姐妹儿我也差不到哪里去。

另外的一大收获是，看着凯瑞·布兰萧的玲珑小身板，体内自我约束的那个“点”立刻被激发了。时不我待啊，要减肥啊，赶紧瘦成凯瑞那样的美妙身材啊。不年轻了，又怎么着；不是模特，又怎么着……姐妹儿我幽默，有品位，有不错的工作，有长得还算漂亮的一张脸……我的 Mr Big 一定也会找到。

哈哈，今天情绪不太对头，好在还算正能量，动起来，新一年，“马上有一切”，那是玩笑话，“马上有好身材”，这个实实在在。

阿丫

没有减肥动力的时候，看看欲望都市，看看凯瑞·布兰萧，一切干劲儿就回来了……

1分钟前

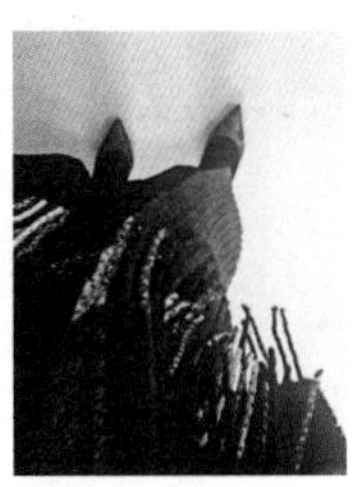

chapter 7

女为悦己者容一回

MY DIARY OF FASHION ATTITUDE

▸▸2.7

喜欢尝试新东西，喜欢做百变女王，对自己信心百倍，却一不留神，买下了太多不适合、又浑然不知的衣裳。

窝在家里看《康熙来了》，女嘉宾腿美，其他地方则平淡无奇，四十开外的她，穿中规中矩的及膝连衣裙，露出非凡小腿，看的人连连感叹，可惜了啊，为什么不把腿再多亮些出来，大有看头啊。

女嘉宾真诚询问：可以吗，从没穿过超短裙，短裤就更没有。我，真的可以吗。

在众人鼓励下，换衣出来，眼前一亮，不错啊。40岁的她，腿那么美，不亮出来简直是“有负天恩”，而且，丝毫没有不庄重啊。禁不住感叹，女人四十，依然可以大大方方穿短裙，只要，你和她一样拥有傲人美腿。

顿时想：是噢，很多时候，我们疏忽了自己身上的优势。跟着感觉走，跟着年龄走……一个很简单的道理却忘记了，想要凸显自己，当然要把自己的出色面亮出来，这是再寻常不过的逻辑。

要聪明，看康熙
男看《康熙王朝》，女看《康熙来了》

腿美的亮腿，腰美的收腰，臀靓的穿起紧身裤就能所向无敌。而假如，你有一对美妙双峰，那自然是向当年的玛丽莲·梦露们学习，穿起深 V 连衣裙或者紧身高领了，那风景，妙啊。

同样的，假如你腿不够傲人，还整天在穿超短裙、Legging 打底，将大象腿展露无疑，还想被赞美吗；再假如，你腹部赘肉不少，却喜欢穿高腰裙，收紧腰部，侧面看，小腹微凸，像极了“身怀六甲”，这，合适吗？男人的眼睛是很毒的，你心底里盘算着，看我整体呀，看我整体呀……人家的雷达眼却一眼窥到你的破绽。如此，这游戏还怎么玩啊，当然是 Game Over 了。

穿衣是要讲智商的。最传统最朴素的这一条不能丢，否则，或者说你笨，或者，只能说你，真的太任性了。

亲爱的姑娘们，要多赢赞，任性不得啊。扬长避短了，才能长袖善舞。如此简单的道理，却总在女人们这样那样的情绪面前败下阵来。

现在起，清醒一点，看看镜子里的自己，默念一声：断舍离……除非你是零缺点美女，除非你功力强劲，气场强大。至于我等路人甲乙丙丁，还是谦虚谨慎、夹起尾巴做人的好。

▸▸2.12

阿丫

很少穿皮衣，因为觉得太莽撞。今早想着，用黑色高领衫，灰色西裤，尖头矮跟靴……中和掉皮革身上的一些蛮气吧，这样，应该还是招人爱的。

1分钟前

▸▸2.14

眼下，说什么女为悦己者容，变成一件落伍的事。女人们要体现自己的现代感，表达自己是一个摩登、活泼、有趣的女子，仿佛就一定是女为己容的。为别人而容？尤其是为了男人而容，多多少少会显得屈就，Out了。

你说现在的女人越发的女权？这我不知道，可我知道，其实大多数女人还是很需要男人的，尤其当各种刺激剩女们的节日来临时，想着怎么亲切可人，让自己不“孤独一枝”，也是女人们聚在一起讨论颇多的话题。

于是，问题就来了。女人你，一方面表达着自己的独立性，穿中性装，涂深紫色口红，目光犀利，姿态刚强，一看就是个不求天不求地不求男人的主儿；一方面又在幻想着被男人捧着追着爱着，采阳补阴……这是多么的矛盾啊。无数事实证明，大多数男人还是青睐于温柔女人的，你一副女王做派，不吓跑对方，也会让人敬而远之。亦或者，吸引到的，是些求包养的小男生？

男闺蜜说出肺腑之言：女王啊，换换衣服吧。

一向笃定的女人顿时没了底气，向来对自己的妩媚温柔信心满满，没承想，竟渐渐地，在时尚的毒害下，滑向了女魔头的阵营。男人说穿了还是视

觉动物，暂且不看骨子里的你是否温柔温顺温婉，单从行头上看，那些个接地气的、想找媳妇结婚过日子的男人们就退避三舍了。高攀不起啊，您老还是一个人笑傲江湖吧。

要说时尚害人，这话起码说对了三分。尽管有人会说，时尚也不是都教着你去扮中性、扮女王好吧，时尚里也多的是桃红柳绿。可一个真正在时尚界里修炼几年的人清楚，如今的时尚圈流行的究竟是什么：中性啊，大廓形啊，黑白灰啊，即便也有蕾丝、粉蓝、薄荷绿等温柔夹杂其中，可真要平常穿出门，还是会情不自禁地选择前者。这边厢，你一再的发感慨，找理由：蕾丝们太娇滴啊；穿惯了简洁低调的，不适应鲜亮色了啊；为了男人而穿？男人的审美永远停留在长发飘飘、超短裙上，我等品味女子，岂可屈就！

偏见、骄傲、越陷越深……姑娘们，不得不说，假如你还需要男人，就

请体谅一下雄性动物那些让你瞧不上的审美观吧。连洪晃都说了，我不依赖男人，但我需要男人。相信你的内心轻易不会比洪老师更强大、更广阔吧。既如此，那么适度的讨好，何乐而不为呢。2月间，空气里到处都飘荡着甜蜜的粉红色，做惯了强势女人的你，姑且试着迎合一下，把目光暂时从简洁的黑白灰、中性风上移开，你会发现，噢，原来那些亮色、蕾丝、女人味其实丝毫不会辱没你的时尚品味，而平素对你敬而远之的男人们，也真的会像发生了某种化学反应一样，看你的眼神开始变得不同了。

对了对了，特别的日子，外衣再精彩，内衣怎么也不能忽视啊，前面已经说过，此处一笔掠过，总之为自己准备一身精彩的内里就对了。

哈，你瞧，做女人多有趣，请好好享受吧。那话怎么说来着：我要用尽我的万种风情，让你在将来任何不和我在一起的时候，内心无法安宁。

2.21

对大多数人而言，职业装似乎是避之唯恐不及的东西。尤其是自诩为时髦分子的，职业装很容易就被打上万劫不复的标签，呆板啊，老气啊，一成不变啊……以西装、西裤为统领的职业装们，乍看上去，也真的是貌似无建树，被吐槽，也是意料之中的事情。

一如我的朋友 Miss Lu，她跟我抱怨的穿衣困惑里，除了自己太瘦之外，更多的是自己职业身份带来的麻烦。我的衣服一定要符合职场要求，尽管太刻板了，可又能怎么办呢！

职业装真就这么刻板无趣吗？

当然不是啊。

且不说国内那些把职场装扮的花里胡哨的《杜拉拉升职记》们，那是时装剧，对于大多数企业高管而言，基本没有借鉴性。真正的高管们需要依托的更多还是西装、西裤，黑白灰，能在这其中解救她们的，才是真朋友。我更愿意推荐美剧《傲骨贤妻》给她们。发生在律师楼里的高级职场混战，女精英们穿西装外套、修身连衣裙、羊绒长大衣……却依然不妨碍此剧成为时尚经典。那些不假思索就给职业装打上“七宗罪”的姑娘，且慢下断言啊，职业装只要选择得当，聪明搭配，不仅不会被时尚踢出局，在我看来，它是高品味的代名词。

职业装最重要的一是会购，二是会搭。要说购，买回来的款式一定要过关，阁下千万不要因为觉得职业装刻板，就去买些所谓的设计款，相信我，那些都是画蛇添足的玩意儿，职业西装套，最好的选择还是净色，只是假如你对黑色套装已经无感了，可以在灰、白、墨绿、浅卡其……里打转。当然啦，一点点的图案也是可以的，比如那种精细的格纹，不突兀，不抢镜，浅浅的潜藏，会完好地表达你的职业感。至于其他，就请不要冒然尝试了，毕竟是职业装嘛，人家要表达的除了花纹和颜色外，更重要的是质感。

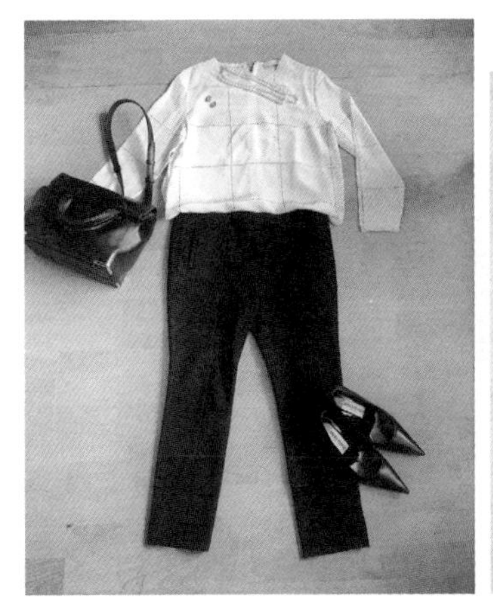

至于说到怎么穿，可玩的把戏太多了。那些矜贵高级的基本款啊，用好了，分分钟就会让你游走在亦正亦摩登之间。比如，你可以用温柔的真丝衬衣与西装外套做搭配，你也可以用一件圆领、V 领 Tee 做混搭。前者让你显得柔情似水，后者则会多出不少的青春味道。而假如你是个欧陆复古爱好者，一样可以将你的喜好植入职业装里，用一色的高领衫与西装套做搭配，字正腔圆之间有好血统在行走。遂想起当年法国导演侯麦的电影《午后之爱》里，那位换着不同颜色高领衫，穿西装、风衣的男子，嗯，此种穿法其实对女生而言，除了有些中性外，还真的是好看。

其实要调和这种中性面孔并不难。你可以将西裤换成铅笔裙，我曾在上一本书《人群中，你就是那个“例外”》中调侃，穿铅笔裙的女人有大前途。作为办公室第一首选裙装，看上去冷静克制的铅笔裙既保守又因这正经利落的线条显得格外性感，搭配你的西装、高领衫，绝对珠联璧合。

除了裙装，还有一种裤装也是很适宜在职场里“拿腔拿调”的，阔脚裤。而这，也是我向 Miss Lu 大力推荐的一款。只要身材不是过于胖的人，都可

《傲骨贤妻》

尝试着看看。假如你和 Lu 一样超级瘦，那我建议你用一件真丝的直身衬衣与它配在一起，而假如你属于不肥不瘦的类型，那么，大可严格遵循穿此阔脚裤的黄金法则“上紧下松”：一件 T 恤，一件修身衬衣……搞定。

不禁想起热爱这阔脚裤的凯特·布兰切特，大气高贵如她，不就是这真丝衬衫配阔脚裤的拥趸吗，向女神学习，多多少少，会有开悟吧。

我的职场挚爱裤型除了阔脚裤，不能不提的，还有各种七分、九分裤们。这简直是可以自由穿行在职场与休闲之间的百搭品。每当我觉得一身行头过于平淡无趣了，就爱用这种短去一节的裤子来救场。而她们也都无一例外的轻松胜任了。不论你搭的是衬衫、羊绒衫，还是西装外套，都可以瞬间多出些职业感外的时髦趣味。

人有趣了，脸上的曲线也会变得柔和。职业女金领们，你说我说的对不对，情趣二字，对阁下而言太重要了。已经聪明能干到这般田地，太容易被误解，甚至自己都有些心虚了。假如能被赞上一句“有情趣的女子”，哈，那就是给自己平反啊。有了它，无男友？也不打紧啊，慢慢来，慢慢选，这时候，才会真的能够心平气和的来上一句：一切随缘。

那心理优势啊，杠杠的。

3.1

和女友 Rococo 说，适合亚洲人的格子绝对不是 B 字头啊，对方深以为然。我们都是在衣服堆里摸爬滚打多时的人，且我们一致地认为，那些小日本的菱格其实更适合，就比如今天穿的这件 MUJI。那就……穿着日本 MUJI 去吃一碗茶泡饭吧，谁叫……我和 Rococo 都爱极了《深夜食堂》。

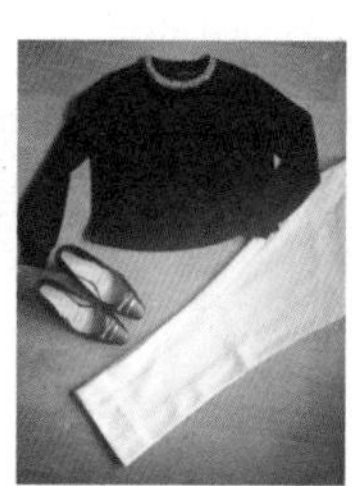

chapter 8 希望是个好东西

MY DIARY OF FASHION ATTITUDE

▸▸3.8

谁会不爱东南亚呢？温度适宜，阳光充足，沙滩细腻，还有那些美味，新鲜的水果、料理，最最重要的一点是，便宜啊，于是，一次又一次开启我的东南亚之旅。

客户要推度假新玩法，将拍摄与旅行结合。地点，选在了泰国苏梅岛。有专业摄影师跟随，对于爱美爱拍照的女人而言，简直是福音，作为先头部队，我受邀体验一把这苏梅岛上的跟拍，嘿，还拿捏什么啊，心中大爽。

曾经写文说，到什么地儿穿什么衣。女人啊，旅行的很大一个部分是与衣服有关的。你在英国穿的肯定和在泰国的不一样，抛开温度不说，周边氛围天差地别，一方是绅士要酷有腔调，一方则是极尽浪漫、热闹、宗教色彩之能事，所穿的衣服当然不同。置身东南亚，你的审美最容易与男士接轨。也正因此，每次从那里回来，看着我的到此一游照，会有男士发感叹：我天朝的水土到底把你怎么了，在这儿怎就没见你这般水灵呢？

在此就不谦虚了，旅行拍照这方面，因我有 F，因我的臭美，因我有那

ẬT QUANG
TÔN, Q.1, TP.HCM
ĐT: 38.275490-38.246399
PHONG PHÚ
OPTICAL
We Prefer
MasterCard
NHẬT QUANG
PHONG PHÚ OPTICAL
124 LÊ THÁNH TÔN - QUẬN 1
8241851
OUTDO
202

满室的衣裳，鄙人还是有些发言权的。就拿把我养的水灵无比的东南亚来说。虽说当地几国貌似风格相近，可细究起来，风骨却不相同。西贡的街区，时髦与怀旧并存，欧洲人与当地人各占一边。那里早已不是杜拉斯《情人》里的“长裙圆礼帽”，却也带着浓重的曾经的法属痕迹。置身当地，我喜欢在时髦元素里加入一些很女人的图案或者色彩。那些娇憨的小花，媚到骨子里的桃红柳绿。平时是断不会穿的，和我生活的城市不搭，而在这里却不同，于是入乡随俗，娇媚女人味中，还透出些罂粟、大烟枪的味道，一些搞不清楚出处的神秘感。

吴哥的微笑肃穆且叫人惊叹。在那些淡然的、浅浅的笑意里，你能感受到绵绵力量，持续，缓慢，有力道。加之那宏伟的建筑群，置身其中，感觉到自己的渺小，那一刻，你是忘我的。将自己融化掉，感受那一寸一毫间传递给你的岁月的故事，低声细语，簌簌……这时候，我不喜欢用时髦的东西

来打扰这份古老，我更不要用什么蕾丝、雪纺在厚重的历史面前显露自己的矫情和肤浅。怀一颗谦卑的心，淳朴一点，棉麻质地，颜色也不要是聒噪的香艳，藏蓝、土黄、暗绿，就好。亦或者，假如你是国际 Girl，大大方方做自己好了，棉吊带、牛仔裤，亮出漂亮的小麦肤色，还有结实而没有赘肉的臀线、腰身。这样的国际 Feel，很健康，不做作。

海边是必须去的，且按我的喜好，在那里至少赖上三天才肯走。寻一靠海的度假酒店，日出跑步，然后游泳，乏了躺在沙滩上读书晒太阳，闲了可以与邂逅的老外搭讪聊天……艳遇有没有，那是未知数，我只告诉你，缘，妙不可言。

在这样的地方，特别不建议女孩们买那种淘宝款的花朵长裙子，穷游网上驴友们晒的图片，这种长裙是主角，拍的照片也是美则美矣。可置身当场，你会发出和我一样的喟叹，欧洲游客打的都是随意牌，唯国人在沙滩上摆着各种神仙姐姐的 Pose，做作啊，这是很尴尬的事情。亲们，相信我，沙滩上，吊带短打最时髦，假如你对自己穿热裤比基尼没信心，一件干净的单色布裙、棉裙就可以了。适合做减法的时段，添多了反而 Out。

最美貌的风景是沙滩上那些穿着单色比基尼，翘着脚，闲适看书的小麦色 Girl 们，什么花花绿绿，吊带长裙都是用来催眠国人的。仿佛专为什么也不做而设的沙滩上，舒服最重要。太多的点缀，太多的粉饰……你说，多浪漫啊，我说，土气的很。

3.12

在这个拥挤的世界上，
再也没有黎小姐。

来苏梅岛第三天。上网，被跳出来的一则消息吓到。香港的黎坚惠小姐去世了……

此刻，在异乡，泰国的海边上，看到这个，惊愕的说不出话来。

知道黎小姐患癌症，是在她那本《天空之镜》里。有别于之前的时装书，那是一本关于救赎，关于直面，关于身心灵的书，黎小姐穿起冲锋衣，去秘鲁，去天空之镜，感受一次又一次的极限挑战。当中一段，看的我感慨：黎小姐与陌生的队员在峭壁绝境，彼此手挽着手，然后，将身体探出去，下面，就是万丈悬崖，你所能依赖的，只有与陌生人之间的一双手，你所能做的，就是将自己完完全全交出去，放松，不挣扎，即便你身处险境，但，生命的手就交由一个陌生人，你之前习惯的那些钻营、布局、计较、筹谋……全然发挥不了作用，你能做的，就是放逐，就是顺从，无条件的信任，真真正正地交出你自己。

这一幕，给我留下了深刻印象。想来，对于挑剔、完美主义的黎小姐而言，也是触动颇深的吧。黎小姐说，她在回港后的短暂时间里，呼吸着由此开悟带来的自由空气，走到哪儿算哪儿，哪怕是在争分夺秒、精明勤力的香港，也让自己学着，不握住太多。那时候的黎小姐，体会到了一种难得的因放下而带来的快乐。

尽管在之后的日子里，这种感觉逐渐消失，可那种开悟，还会时不时地出来造访、提醒。

竟然，这样一位深深触动过我的人就这么消失了。世界上，再也没了黎坚惠。不管你之前是爱她，挑剔她，还是，有一些的厌烦她……都不重要了，时装精黎坚惠，已经成为过往，在这个拥挤的世界上，再也没有黎小姐。

要说，最初想做这本书，也是受到黎坚惠那本著名的《时装时刻》启发，黎坚惠在书里，展示了自己某一个时期，每天上班前都要拍下的全身自拍照。三脚架，固定好，记录当日的自己，不仅仅是对衣服的记录，连同当时的表情……不随和的黎小姐说，看了照片，才知道，有人说她难接近是有缘由的，照片里没有笑意的自己真的看着很刻薄，如此说来，还是要多多微笑才好。

同是爱衣人，同是面孔看上去不随和的女子，很多时候，黎坚惠的诸多思与想，于我有同感。黎小姐说，上世纪八九十年代的香港精神是让人怀念的，那个时段的风骨，那时候的香港精英态度……港大毕业，成绩优秀的黎小姐，是这香港精英的代表。穿最靓的衫，见精彩的人，自己赚钱买花戴，有眼光，有情怀，够聪明，有才华……即便必须承认，自己是挑剔苛刻的，但优秀人士自有其挑剔的资本，且她的挑剔又是那么的一针见血，理由充分。挑剔如她，成就了如今看来无法复制的香港精英格调。

很多东西，真的是一去不复返了，包括黎小姐盛赞的香港精英格调。

突然觉得这个世界又添几分寂寞。

▸▸3.18

什么才是好品位，什么又是坏品位。几年前，很红的一本书：亲爱的坏品味。虽如此说，提到的其实是薇薇安·韦斯特伍德等先锋设计师们的创作，那些特立独行的存在，创造的是不走寻常路的另类设计，不寻常，甚至是离经叛道的，却必须讲，那当然不是真的"坏品味"嘛。

至于说，与这等"坏品味"相对的好品位又是怎样的？

正常、优雅、含蓄……正途中，表达着能被公众看得懂的美丽。或者用西方社会的阶级观来讲，那些在上流社会流行、被中产阶层践行的审美观，就是构架起这优质品味的基本准则吧。

伍迪·艾伦的片子《蓝色茉莉》里，女王凯特·布兰切特的穿着可谓这种优美好品味的典范。从上流社会瞬间跌至地面的女主角茉莉来到妹妹住的贫民区生活，却依旧女王范儿不丢。那件白色的 Chanel 外套，与她自始至终都提在手上的棕色爱马仕 Birkin，是女王不肯抛弃的昔日派头。有这些行头在，她就还是自己想当然的昔日优质女，即便如今已到了虎落平阳的境地，

却依然活在自己构建的大肥皂泡里，而这大肥皂泡的外壳，就是她那几箱路易威登行李箱里的衣服。

电影里，力求回归上流社会的“女王”，穿优雅米白色，香槟金……那些修身的连衣裙，克制的极细羊皮腰带，没有多余的花哨，没有复杂的颜色，甚至你可以说这种着装品位是偏食的……再配上她那高挑瘦削的身材，金发的凯特俨然就是上流社会审美观的代言人。长期生活在华屋大院里的人啊，懂得在穿白衬衫时手腕上适度地添上点儿金，喜欢穿相近色系而非对比撞色，于是，我们看到通身褐色的帅气马球装，看到里外一色的米白：米白 V 领衫，米白阔脚裤，米白开司米尔披肩。金发的美人儿啊，一如她手中的那杯香槟，悠悠的，泛着精美的气泡。

最简单的廓形，最优雅的颜色，最柔软的材质。不求第一眼吸引，但求细细品味出来的余韵悠长。上流人士热衷于把玩这种在平民看来是有点寡淡，有点“故弄玄虚”，却又的确是无懈可击的低奢美感。也正因此，难怪落魄了的女王还能凭着这身行头，很快就俘获到另外一位高富帅的芳心。

必须承认，我是极爱这凯特女王的香槟扮相的。此种克制的审美观也日趋影响着我如今的审美喜好。只是看此剧时，有种如鲠在喉的不适感，看着落魄女王依然一身香槟色的被她认为是 Loser 的男人勾肩搭背，那画面很刺眼，香槟还是和游艇豪宅更般配。突然落在了寻常百姓家，尤其被那位满身油腻的男人搂搂抱抱，女王身上的那套衣服变成了一个大笑话，尽管这时的女王依然美丽，却不再和谐了。

当然，电影总归是电影，看看而已。却有一个很现实的考量：什么环境穿什么衣，的确如此。

▸▸3.30

很爱那些充满幽默感的女子们。在我看，一个姑娘长的像范冰冰般美丽，倒不如性格如陶晶莹般聪慧活泼。而假如，一个姑娘，天生一副麻豆身材，天使面孔，然后呢，性格又幽默风趣，时不时还懂得调侃糟蹋一下自己的，那，就堪称极品尤物了。

磊，就是这样一枚极品。身为某名企的企划主管，有能力，有身价，生了个姑娘，不像其他妈咪一样把孩子包装成公主、天使，反倒极尽恶搞之能事，姑娘名唤月亮妹，在这位宝贝辣妈的捯饬下，成了喜剧代言，我能想见未来月亮妹驰骋江湖的场面，走的不是姿色路线，而是响当当的性格演员。

刚刚生产完不到 6 个月的磊，如今已恢复到生产前的体重。一双傲人筷子腿更是羡煞旁边的那个我。磊唯一对自己不满意的就是脸盘大，她羡慕死我的巴掌瓜子脸，我则觉得，女人上了 30，脸饱满一点更好看……于是乎，她也就心态平和，一时半会不用求助于什么整形利器了。

一早看她发当日出行照，蓝黑色上衣，黑色铅笔牛仔裤，简简单单一身，惯有的磊家 Style，我是藏蓝色的拥趸，看这蓝黑相间，顿时把持不住，送上大大赞美。半天功夫，那边厢，激动回复：你懂我啊，是件卫衣。

卫衣已经流行多时了。而在我看来，让人眼馋心热的卫衣 Look 却有着相似的特质，穿者必有傲人筷子腿。那些堪比麻豆的细又长啊，一件卫衣，搭一条铅笔牛仔裤，简简单单，你根本看不出她究竟费了多少心思，脚上踩的竟然还是让我等 160cm 人士很气愤的平跟跑鞋。却又不得不说，就是好看，就是有样儿，就是让你羡慕嫉妒恨。

磊的卫衣 Feel，也属此列。对大多数路人而言却没有普遍的借鉴性，那是遭人艳羡的存在。至于我等要求严苛又不甘平庸的勤奋界人士只有多多努力，寻觅出一些矮子穿卫衣的诀窍。那话怎么说来着，勤能补拙，勤同样能弥补天生的不完美，哈哈，你说我有多励志。

在我看来，一件卫衣是否出挑，第一，图案、材质是关键。傲人筷子腿们即便穿件百元左右的平庸卫衣，也能穿出时髦味道，而至于大多数路人身材的姑娘们，分分钟就可能将其穿成了春秋衣裤，或者是廉价的运动服，所以，这个钱不能省。淘宝上铺天盖地各种选择，一个大概的印象是，500 块以上的算过关，挺括，有力道，厚度扎实，如今 T 台流行大廓形，卫衣界也不例外，而且，很多时候，卫衣和普通运动服的区别就在这看上去有些小怪诞的挺括质感上，买衣高手们都知道，要挺括，材质是关键，要材质，银两是关键。

其二，就来说说搭配吧。身材比例好的小个儿姑娘，还可模仿高海拔筷子腿们的样儿，一件卫衣，一条铅笔裤打天下。当然，鞋子最好是能踮起海拔的坡跟鞋，红到近乎俗气的 ASH 趴趴鞋很讨好，很实用，搭卫衣，是一套。

而费些心思的穿法，是卫衣里搭衬衫，露出衣领和衬衫的下边缘，一股乖巧时髦的洋气劲儿就跟着溜出来了。尤其对于那种长度偏短的卫衣而言，天儿热的时候，还可以玩流行，空心穿，露露肚脐露露腰。天冷了，又不想任其歇工睡大觉的，你可内搭一件同色系或者撞色的衬衫，加出长度，成就一种身材上短下长的视觉障眼法。

至于如我这种 160cm 的矮个子，要想和大长腿们 PK 的制胜法宝就是搭短裙了。你或许会说，人家也可以啊，是，没错，只是，人家搭出来的短裙 Look 说穿了还是一如既往的帅又酷，我等小个子却能穿出几分灵巧和可爱。将看似休闲运动的卫衣透出淑女味道，是否也算功德一件呢？

最后，附赠一条穿卫衣的要酷小妙招，假如上述种种你都试过了，还是觉得欠了点什么的，试试把卫衣的袖子簇上去穿吧，表达一种姐妹儿不在乎的洒脱劲儿，撸起袖子拼江湖，这种侠肝义胆用在卫衣上，太恰当了。

4.6

感谢上天的赐予，
让我们彼此收获这样一位
亲密友人。

杂志一晃十岁，要做隆重的庆祝活动，同期也会制作纪念专题。作为元老，作为没离开的少数几个“老人”，我有幸被邀参与此次的采访。

一早起来忙着找衣服去拍摄现场。乍暖还寒的时候，室外拍摄，却一定是不能穿得太厚重了。抓起最近横看竖看都觉顺眼的一身蓝。蓝色蕾丝衬衫配蓝裤，丝巾是之前在泰国好一通显摆的“安迪·沃霍尔”，就这样吧，心里舒坦了。

拍摄主题是：十年，老友。因杂志结缘，我和加肥猫是不能不提的真正老友。当年，他是杂志副主编，将我这个外行招致麾下，成为同事，成为挚友，到如今，虽然早已不在一个单位，却是雷打不动的最佳损友。

想来，我和加肥猫，竟连一张合影都没有啊。不禁伤感起来。你说，生命里有多少人，对我们有着这样那样的深浅情意，却连一张合影都没有留下。你说，你在我的生命中存留过，而我，却遍寻不着踪迹，只有大片大片的回忆在心里。间或，也有些零敲碎打的小证据，比如我们同行的车票，我们同看演出的存根，你赠我的异乡纪念品，相赠多时，用完了很久却怎么也不舍得丢掉的化妆品空瓶……

可我们却真的连一张合影都没有啊。有时是觉得太亲近了，不屑那些的矫情酸溜溜，有时是老大不小的人觉得拍照很别扭很麻烦，再有时，根本是没有理由的，想都没想过要分开吧，然后，竟失散了，蓦然回首，我们连一张合影都没有。

幸好，因做专题，和加肥猫留下一张合照。我们师徒二人啊，能保持长期的友谊，且未将这份友谊演变成暧昧或者其他，是让很多人好奇、揣测的一件事。而我俩都心知肚明，一个爱型男大叔，一个爱纯情萝莉，而恰巧我俩本人又绝对的错位，一个是天生御姐，一个是永远都长不大的孩子，哈哈，就有这么神奇，虽然是挚友，可以互说秘密，互相刻薄，却就是互不来电，互相瞧不上，这真好，感谢上天的赐予，让我们彼此收获这样一位亲密友人。也正因此，每听人说起，不相信男女之间有纯友谊，我就一笑莞尔。

另外一个损友是 Ryan。最近他也怀旧的很。许是年龄的缘故，三十开外的我们，在这十年的节点上，愈发的容易触景生情。当年一起并肩的小伙伴郁郁特地从帝都奔回来，只为参加几位老伙伴的聚会。那是个充满江湖侠气的姑娘，敢想敢做，如今已在她超级理性的思维推动下，成为了独当一面的商界精英。可她却又是真的文艺的。甚至是多情的。一个外表理智决绝的理科女生，骨子里却又是侠肝义胆、饱含温度。很多时候，我无法界定她到底是更加的理性还是更加的感性，或者就是这样一个矛盾体，无法界定，也无需界定。

郁郁带来一张十年前她与 Ryan 的合影。那时候，Ryan 还头发茂盛（如今头顶已经稀疏），那时候，郁郁是激情四射的传媒斗士，两人的神情中带着调皮，带着不服，带着执着，带着彼此的默契……郁郁说，Ryan，摆个当年的 Pose 吧，十年纪念。

几经努力，终于有了下面那张合影。不摆不知道，想要模仿当年的神情，是多么的艰难。郁郁倒还轻松一些，Ryan 纠结的厉害。拍出来，拼一起，唏嘘感慨。

希望下一个十年，我和加肥猫也拍个类似的照片，希望我和我生命中那些珍贵的人，起码会有一张合影留下。呵呵，原谅我的形式主义吧，我知道心底里的印记抹不去，可，我就是这样任性地想着，假如，能有一张合照，该多好。

话说远了。珍惜当下吧，下一个十年，我们不知身在哪里。

▸▸4.7

清明节假期，约好了要外拍。模特是新认识的89年女孩。学射击出身的她，开着宝马前来，给我们做一天只得300块的模特。我和F惊讶于姑娘身上的正能量，尽管这词儿如今出镜率太高，可的确无法再寻出其他更贴切的词语来形容她，谁说85后就不靠谱了，人家，靠谱的很。

外拍日，都是怎么舒服怎么来。条纹衫搭一条黑色九分裤，脚踩那双如今愈发喜欢的尖头鞋，披上风衣，风风火火出门。

手机却不停地响，大连的W好久没联系，今天突然冒出来。上次一别，已有半年时间。此时，回来扫墓的他，竟然联络我。想想，总归是没有大矛盾的人，分手就分的老死不相往来的？何必呢。至于还喜不喜欢？已经N久不去想这回事了，知道彼此都是情商偏低的人，说不了三句话就开火。志不同道不合的邂逅啊，想来也是孽缘。

"说白了，我还是喜欢男人身上的那点孩子气……"

此番冷不丁冒出来，言语婉转了许多，带着一丝顽皮的客气。如今的我，没了当初的热烈，却也当他做老友。是啊，我就是这样的人，很难做到与人决裂。总觉得散买卖不散交情。这点上，F 很瞧不上我，没骨气嘛。可我就是激发不起多少保家卫国、捍卫自身权益的情绪来。和 W，虽只是不到一年的交情，可人和人的交往又怎能用相识多久来衡量。

一起午饭吧。W 说。

还是那个利落干净的男人。头发依然是洋气的短平头，一身灰色跑步服，舒服清爽。会笑了，会调侃了，休假时候的他，显然比工作时候的疲态可爱太多。背一个黑色皮革双肩包前来，嗯，这个嘚瑟的人啊，总能挑到适合自己又不土豪的东西，登喜路，头一次显得那么年轻有文化。脚上，蹬一双黑色丈人布鞋，看得我欢喜。品味还是摆在那儿啊。叼着烟斗，梳着平头，蹬着他的布鞋，这样的 W，哎，不说了。

半年后的相逢，我少了之前的忐忑纠结。说一声，你不乐意和我好好谈恋爱，可惜啊。说的 W 语塞，知道这样一个直接不虚假的人，是不会让自己撒谎的，这是他给自己订的底线，这也是我欣赏他的地方，现如今自以为聪明的骗财骗色骗感情的渣男太多了，或许我的确不是 W 内心想要的那种女人，于是，我们无果也是注定的。

调侃着他的布鞋，调侃着之前的各种不靠谱，一时间，突然觉得做损友比做情人来得舒服很多。

好吧，我们还是朋友，我又多了一位男性朋友。

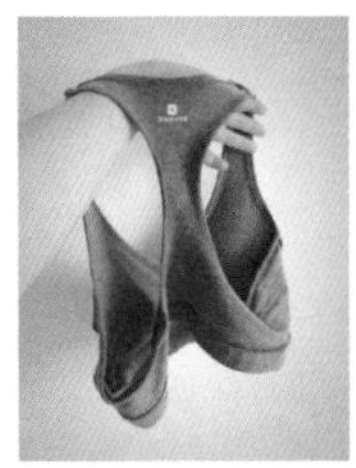

chapter 9

香奈儿比男人更靠谱

MY DIARY OF FASHION ATTITUDE

4.10

头发长一点，爱情多一点！

哈哈，如此讲，或许会被时髦分子唾沫星子喷死我。可作为留了多年短发的人，我说这话也算够资格。

算是个执着的人了，尽管知道大多男人喜欢长发飘飘，只有少数说自己是短发控。当你真的剪成了短发，和小 S 一般长度的倒还好说，最怕那种更加短的，即便很时髦，女人们会奉上大大的赞美，男士冒出来夸好的却少之又少。我曾在头发极短的时候，被男士调侃：取向没变吧！虽知是玩笑，却真的有沮丧飘过。

某日，F 说：头发长一点，变化会更多吧？再说了，年龄往上跑，整天顶个娃娃头也不是事儿啊。

瞬间动了凡心，决定留长发。过渡期是最难熬的。留过长发的人都知道。向身边好友寻解药，在戴帽子、别发卡、烫发三者之间，我选择了第三项。作为一个深深排斥梨花头及各种娇滴韩式发型的人，作为一个资深的童花头拥趸，我有着近乎偏执的态度，于是跟发型师再三强调，千万别烫太弯啊，轻轻一下就好了，最好是看不出来的那种。

发型师是个脾气超好的人，面对我的聒噪，用很轻柔的声音说一句，请放心。然后，就是安静工作。

三小时之后，我在一股豁出去了的精神支撑下，迎来我的新发型。

是有多久没如此淑女了？柔美，温和，还带着些许风情……哈哈，别笑我不害臊啦。看惯了镜子里童花头的自己，我一直把自己的脸归类在有特点、不秀美的阵营里，却未料想，竟也是可以这样的。还说什么呢，还用得着男士去评价吗，自己都知道，这样才讨喜嘛。

一瞬间，我彻底搞懂了男人们说了多时的话。丫，你把头发留长吧，偏分吧，走温柔女人路线吧。之前觉得这些都是男人的自顾自，如今，事实胜于雄辩啊，连自己都爱上了这镜子中的自己。

看《康熙来了》，经历婚变的于美人在造型师、好朋友的鼓励下，做着由内而外的改变。且不说她那些看上去用力过猛的修炼课程如何如何，单论外在，顶着齐耳短发的于美人穿黑色蕾丝裙，蔡康永调侃，是去参加家长会吗？还是从某个葬礼现场刚刚赶来？蕾丝裙太老气了，头发更是硬伤。一辈子都在忙着谈恋爱的好友罗霈颖直言：你的头发太短呀。让人联想到女强人。

是吗？小S不也是短发？

小S很有女人味嘛……

实话好伤人。可该认的就得认啊，否则损失的是自己。说来说去，还是要点女人味的，试想，假如小S留短发很像男人婆，你猜她还会留吗？假如

Anna Wintour 女士顶着童花头的样子活像樱桃小丸子，她还会留吗？那可都是些在男女阵营里游刃有余，成了精的女人啊。女人味，是万古不变的真理，比什么时尚 ICON、女魔头，值钱太多了。

毕竟，我等普通人做魔头的几率太小，寻常女人接点儿地气还是明智的。朋友圈里，本就长发飘飘的菲菲小姐突然换了新发型，略剪短，过肩膀，烫了几个弯曲纹理，眯眼睛，抿嘴笑，哈哈，更像红姑了。

▸▸4.15

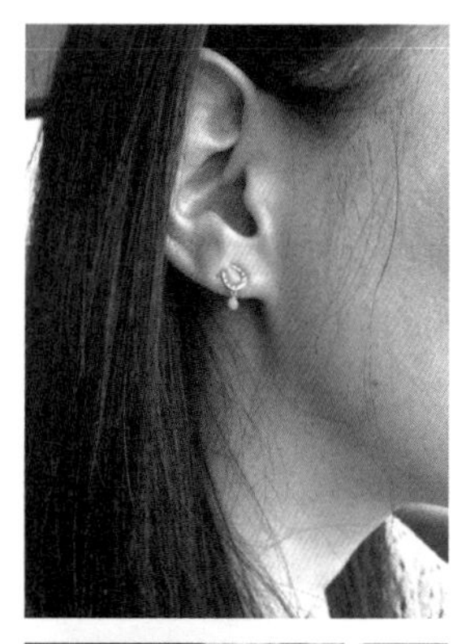

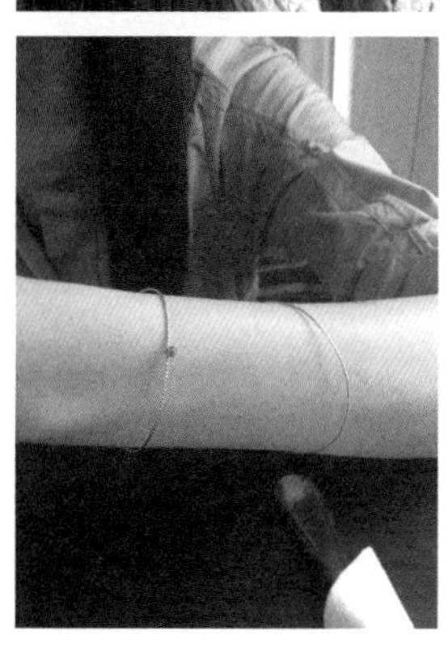

适合露肤的季节，很喜欢看女孩们在无意间挽起衣袖，或者拨弄长发的一瞬，露出与肌肤相亲相爱的精巧饰品们。不爱大颗粒，感觉那有些的哗众取宠、欠精致，反倒是细到难察觉的精细物件们更讨巧。

水做的女人啊，还是柔美着更好看。热衷看日剧的好友 Rococo 在看剧情、看型男美女的同时，还将目光瞄准了女主们戴的那些若隐若现的精细首饰，18K 金打造，不是简单的镀上一层了事，还适时地点缀一颗同样小得叫人怜爱的红宝石，戴在手腕或者指尖，那态度上的慢条斯理，让心思敏感的美学动物们直呼惊艳。

要的就是这种刚刚好啊，时装精们多刁钻癖，口味太龟毛。

那些白皙的肌肤，清秀的手指手腕，极适合戴这种做工精良、货真价实的细致首饰，衬得皮肤特别好，人也跟着看上去精致起来。后来发现，其实小麦肤色或者带着一点点晒斑的肌肤戴起来是另外一种美。让人想到侯麦电影里的夏日海滩，想到法国南部的葡萄园，想到一双双深邃迷离的眼，和轻薄倔强的嘴唇。那些意见领袖们啊，对美有着偏执苛求，于是她们钟情这种近乎咽口唾沫就会断掉的精细首饰，表达那份近乎看不到、却又真实存在的精致美感。

被一眼窥得就没意思了……她们大都这么说。

日本人在做这种首饰的时候发挥了其卓越的挑剔感和精细手工，朋友小昱最近着迷于一个叫作 Les Desseins de Dieu 的品牌，品牌网站上的麻豆，也是如小昱那般长发飘飘、不温不火的模样。穿白衫、牛仔裤，七分衣袖下，两只金色细镯将个手腕衬托的纤细白皙。心想着，如此这般的女子，一定有颗易碎玻璃心吧，而你，又怎忍心去扰了她的心绪，叫她纠结，叫她为难呢……似乎这些都是不对的。

我的另外一位朋友，身高接近 180cm，却长了一张 90 年代 TVB 女明星的脸，长发齐肩的她，爱涂红唇，爱穿 Max Mara，对于首饰的喜好，竟也是那细到肌肤下的一抹。与日本品牌不同，她更爱那些姿态感强劲的欧陆金银，Gorjana 家的饰品一直是众多好莱坞明星的挚爱，也是我这女友的心头好。它不像日本牌子那么精巧，却另有一番风骨，手工打造的真金白银，带着锤子敲打过的痕迹，没有粉饰感，也就显得更加随性。穿起棉 Tee 热裤的女孩啊，沐浴在 LA 的日光下，那些可爱的真金白银在表达精美的同时，还添了一种 DNA，是性感。

与这些小精细比起来，大首饰们真的是太莽撞了，像个胸大无脑的女人。而这细若游丝的存在，是“飞机场”间的一抹诱人，在“飞机场”上，有浅浅的汗珠，隐约可辨的细软绒毛，以及，那一点点的，似断非断的璀璨在闪耀。

▸▸4.20

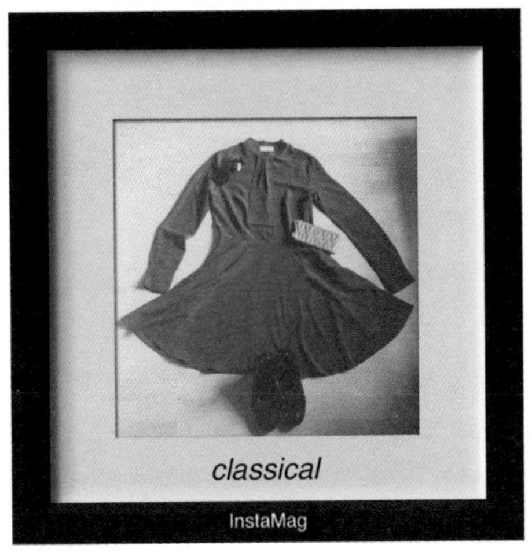

简简单单的美，最具杀伤力。

去看美术展。毕加索、达利……大师们的作品版画，虽说是版画，在这座城市却不多见，从法国空运过来，只展出几天。

我不是懂得艺术的人，却不妨碍欣赏。要说这或许真是大师的魅力了，我对很多画家的作品零感，却禁不住在毕加索们的画作前怔住。说不清楚是什么东西击中了我，是色彩？线条？亦或潜藏深处的灵魂密码？大师简单勾勒的几笔就轻轻松松触到我的心。

认识了此次展览的策展人，文爽。一个地道的青岛女孩，如今把家安在巴黎。戴着眼镜，长相斯文，行事利落的她，谈起这些画的前前后后，难耐兴奋，讲得惟妙惟肖，脸上的 Benifit 腮红，在那一刻格外透亮好看。

能够感受到，她对工作是发自内心的热爱。于是讲解起来充满感染力，很自然地喜欢起这个女孩。和她聊艺术，聊法国，聊她在巴黎的生活。穿着蕾丝小黑裙的文爽，坦言自己对时尚不熟悉，只是，耳濡目染的。回国后的她，觉得周围人穿得乱哄哄，即使价格不菲。可就是看着不舒服。

在巴黎，她的视野是清爽的。

究竟什么才是法国范儿？热爱时尚的女人，总绕不开它。连不爱时尚却自诩有点文化的中国男人，也会自认有品地来上一句：法国女人的优雅，最妙。

至于怎么个妙法，又有几人能说的清呢。

我们不是法国人，却可以凭借各种久别后的重逢，或者电影、杂志，看到那些文艺的、瘦削的、仿佛一辈子都胖不起来的法国女人。于是，我们变得自以为很懂得法式优雅，仿佛法国优雅就是伊莎贝尔·阿佳妮，就是苏菲·玛索，就是一个个浅笑，一点点不张扬却优美明媚的容颜。

可是啊可是，君不见春晚上献歌的苏菲何等的奔放自在，君不见法国电影里的女郎们，个顶个的都是意见领袖，很难搞。我想，叶公好龙的中国爷们，假如某日真和法国女人谈一场恋爱，她们身上的那些随性、主见，估计没有几个中国男人会消受得起。而在我看，法国女人的迷人也恰恰来自于她们的这份自我。更何况，她们又把自己打点得那么美啊，本就是长相出挑的人，对自己严格要求，不乱吃一分一毫的卡路里，更有法国男人捧着爱着呵护着，即便50岁，法国女人依然不会觉得自己人到中老年，不会觉得爱情舞台上没机会了。爱情，是她们一辈子的甜点，永不离席。

法国女人喜欢穿黑，你看法版Vogue战舰里的女魔头们，各个瘦高挑，长得刻薄男人相，却都有不凡气场。穿通身黑，干练、帅气，直接PK掉一众花花草草。走在法国的街头巷尾，你随时会被那些长发飘飘，眼神间透着不屑的黑衣女子击中。简简单单的美，最具杀伤力。

法国式的优雅，从这最简单的黑色入手，而后蔓延入深邃……你越拿捏好了其中妙处，越说明你懂得了这简练又有态度的法式优雅。闷骚性感，是法国优雅里不可忽略的注脚。她和外露张扬的意大利性感不同，法国人有着天生的少女情结，她们喜欢那些充满童年回忆的东西，比如雏菊，比如波点，再或者，青春无限的海魂条纹。《筋疲力尽》里的珍·茜宝，将这法式青春演绎的摩登时髦。而法国导演弗朗索瓦·欧荣的《花容月貌》里，青春叛逆期的女主角会在做妓女的时候，偷来妈妈的灰色真丝衬衫，无领，简单纽扣，配黑色西服、半裙。“飞机场”一般的女人，长相真的是堪称花容月貌了，清汤寡水的长发，冷静不知底细的眼神，以及那涂了红唇，被弟弟戏称“像是出去卖的”面孔，将这件禁欲般的灰衬衣，穿出了故事。

爱极这种闷骚的性感，不猛烈，却又一阵阵地触到你。本能的不喜欢那些一眼望穿的肉欲凶猛，太直白了，也就折损了味道。而这样的柔弱外表下，隐隐的，清冷着去表达。亲爱的，你看到这属于敏感动物的百转千回了吗。

戏中戏，一环扣一环。

4.23

香奈儿比男人更靠谱。

听此言，想拿板砖扔过来的无需手下留情。

这话是我的朋友 missfaye 小姐在接到香奈儿公关的玫瑰唇膏礼盒，泪奔后说的。而这也让我深以为然，看看那娇艳欲滴的一大盒红玫瑰啊，以及点缀其间的五只黑白相间、双 C 香奈儿唇膏，哪个女人会不心花怒放呢？

香奈儿这般贴心，这般的实实在在，比男人靠谱太多了，也更有安全感。

当然，我知这话偏颇，却也不想听那些根红苗正之人的高大上言论。但凡有些恋爱经验的女人都不会和我较真，也会嘻嘻哈哈着点赞，试想，多少个心情沮丧的时候，没啥亮点的时候，感觉无聊、前路渺茫的时候，你试图从一个男人身上找安慰，寻慰藉，多半会徒劳而返，甚至平添出更多的怨气来……反倒不如这优雅貌美的香奈儿来得贴心又讨喜。看一眼便怨气全消，生活多美好。

将此段落说给同事听，一位心思细腻的男士立马跑来向我索图，说要如法炮制，回去讨好老婆。不禁感慨，此君果然是模范老公，当然也难怪他在女同胞里同样拥有好人缘。

而要论起这讨好女人的技巧，男士们的确需向大牌公关们讨教。同样是讨好女人，你以为拿金子砸就好使吗，当然，我相信这一招很多时候真的好使，可假如少花银子多赚好评不是更加的“低碳环保”？

假如你不是高富帅，假如你只是屌丝一枚，更该向公关们勤加学习。甭说什么女人太物质之类的话，尽管某种层面来讲，这是事实，可另外一个事实是，其实用点小巧思就能哄得女人很开心。女人多好哄呀，看看人家 Chanel 公关，几支红玫瑰，几支自家的口红，就把个见过诸多大世面的时尚博主哄得泪奔，这是怎样的法力。一只 Chanel 2.55 太贵，一般人送不起，几支唇膏总还是可以的吧，赢得芳心，有时只需那么一点的小心思。

讨好是个技术活，男士们可别小瞧了。曾经有位土豪男士放豪语，去选衣服吧，记我账上。让我这习惯了自力更生的二逼青年当场语塞。不是不喜欢，想想都很梦幻，他说的是城中最牛逼的奢侈品百货店，是我经常光顾却不能随便出手的地方。可真论到实战，着实拉不下脸面。品牌店里哪有便宜货啊，拿个一两样就跑到五位数，如此这般，心中要大唱“忐忑”了，人家说得豪气，我这儿接得尴尬。实施不了的，又有何意义呢，倒不如用那些浪漫的、贴心的、女人喜欢的小东西讨好更暖心。

至于那些说女人太物质的男人们，请阁下三思之后再讲吧，你可以说女人爱虚荣，但女人又是多么的易感动，一点点的心意表达，撩拨对了，她就会掏心挖肺，用十倍、二十倍的爱来回报你，不相信？说明你真的没试过，收获之前先付出，公关们都懂这个理儿。

▸▸4.26

和朋友约吃饭，男士，三十开外，几面之缘后，还算得是彼此欣赏。晚饭时候接上我去餐厅，刚下车，跟在我身后的男士开腔了，这是穿了条裙子还是裤子啊，裤子，料不够？

知道他是在调侃，却也不禁感喟，看来，我身上这条被N多女友夸赞的九分阔脚裤在此男士眼里变成了仨字儿：看不懂。

却必须讲，这样一条裤子，真是我这160cm人士的福音。数数衣橱里的各种裤装，九分长度是主力，单只短掉一截，却会聪明地弥补掉小短腿的尴尬。这是已被现实一次次证明过的，也正因此，无论是西装面料，还是牛仔、棉麻，我所中意的多是这种九分长度。

至于阔脚，N年前，混事业单位的时候，经常会穿着长筒阔脚裤在办公室里喝茶接电话。最近再次爱上，缘于前几日的首尔街头邂逅。见一女子，和我相仿的年纪，中发烫成凌乱的小卷，然后，穿深色牛仔蓝衬衫，下搭一

条阔脚九分裤，脚上则是一双白色球鞋。

我这花痴的秉性啊，顿时就爆发了。当即惦记上，并发誓一定要搞定这样的一身衣裳，牛仔衬衫，阔脚九分裤，就那么松垮着，率性着。现在愈来愈爱这随性里的洋气劲儿，在我看，这样放松着要出来的时髦，才是真正点。

没承想，此地的男士却没看懂。在他们眼里，女人啊，要好看，不过是一条 One Piece，或者，衬衫、西裤都 OK，这样短去一截，还肥坨坨的，真心不明白。

也再次验证了一个事实，衣服很多时候还是穿给女人看的。女人们知道，我的这条黑底条纹裤是多么的好搭易穿啊，配牛仔衬衣，OK；配高领羊绒衫 ,OK，配卫衣，OK，配开门毛衣，也 OK。没有做不到，只有想不到。能想到的，它几乎都能很有腔调的和对方处到一起，你说，这样一条有腔调的裤子，女人怎能不爱呢，男人们，你们看不懂？真的是让人不甘又着急。

今早要见客户。不是特别商务的约见，却也不能太休闲，找出这件斜肩上坠了一朵妖冶大花的卫衣来搭这条裤子，至于鞋，黑色尖头羊皮鞋吧，站在镜子跟前照：配球鞋肯定也不错，这个周末，对，就这个周末，咱换双球鞋出门耍！

顿时心痒了，周末快些来！

5.5

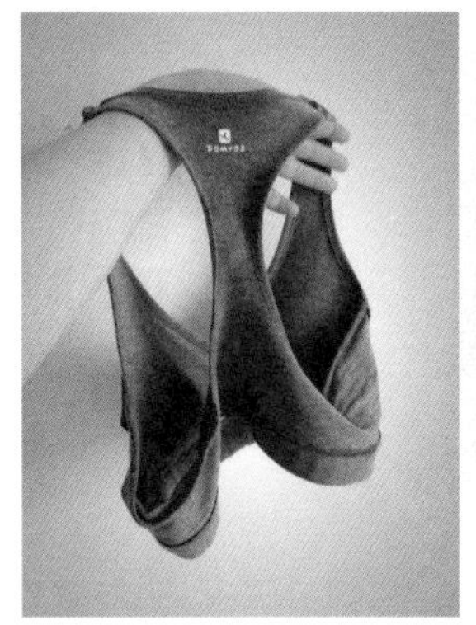

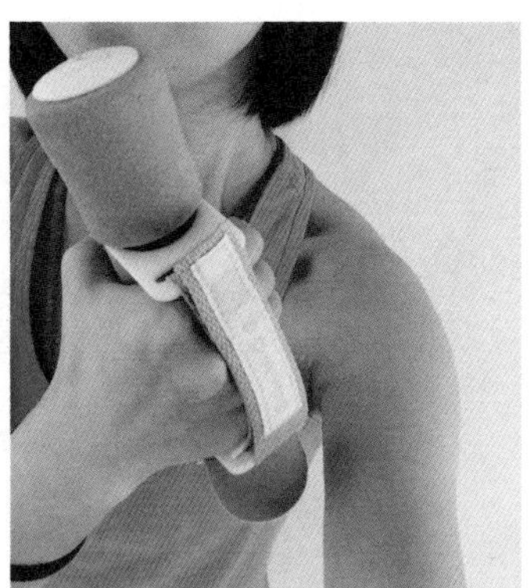

五一假期。蛰伏家中数日，每天都在看碟、写字、做运动中度过。话说，要搁两年前，我相当厌烦放长假，漫长的七天假期，蹲坐家里，是件很恐怖的事情，如今却颇享受起来。

下午约了堂妹去见长辈。很想穿那条针织碎花半裙，尽管是在小店里淘的不足200块的东西，却频频被朋友夸赞，只是这样的针织面料，不知自己还能穿多久，慵懒针织，对赘肉总是毫不留情。捏捏自己腰间的肉，哎，它是一直赖着不肯走，且有屯兵者众的趋势。

澳洲的随姐每天都在坚持跑步加力量训练，昨日见她朋友圈里晒尺寸，竟比我小了几个尺码，汗啊。赶紧的，动起来。

身边有不少质朴界人士，或时尚免疫者会对那些热衷把自己打点的苗条、漂亮的女人不屑一顾，她们更喜欢表达自己的"诗词歌赋"、"秀外慧中"。其实也会在朋友圈里放上个人照片，比如一个穿着肥大长裙的不怎么窈窕的身影，或者一张干涩的却是千年不变的渲染故事的脸。

其实，每人都有每人的选择，这是无伤大雅的事，可让人疑惑的是，凭什么就说那些漂亮的，喜欢美食华服的浅薄、不接地气呢？我想，如此这般，那个叫做“地气”的好不乐意了，谁说非要是些身材走样、皮肤干涩的才算接了我这“地气”，我就不能接接大美女的气吗?

身边也有越来越多事业有成，或者是很有文化感的女子开始忙活着为了美而不屑奋斗。她们内心足够强大，于是没有酸葡萄心理。于是对自己痛下狠手、挥汗如雨。加上人家阅历摆在那儿，眼光摆在那儿，身价摆在那儿……然后，越来越时髦，也就越来越让人艳羡了。

事业有成优质女啊，竟然还那么的身材出挑，品位不凡。这是响当当的榜样。这样的女人，不会轻易就将那些为了美而不懈奋斗的人看低。试问，一个女人，能几十年如一日的保持体重不变，腰身 2 尺，那是要付出何等的代价。这和一个热爱文学的人每日笔耕不辍，或者一个商人每天要求自己早晨 6 点起床，8 点到公司开启一天工作的克己态度是相似的。想起《纸牌屋》里那位和副总统老公并肩战斗的女士，每天，她准时 6 点半起，然后跑步，一年四季，不停歇……一个有着超强意志力的人，你看她，身材傲人，练家子的小身板，穿起职场连衣裙、西服套装来，棱角分明。那带着小肌肉的胳膊和腿，一如她坚毅、勇敢的性格，不拖泥带水，百炼成型。

不禁想起一位很懂得讨好女人的男士说的话。起因是，我抱怨自己懒惰啊，于是事业一直不温不火。对方不加思索直接答：不会，你肯定不是懒惰的人。只有懒女人，没有丑女人，美女，都不会懒惰的。

亲，这算不算年度最佳甜言蜜语呢。抛开过高的糖分不谈，此君却也说对了一件事，女人要想美，真的不能停下来，懒惰是万万不能够的。

在线看美剧，爱奇艺里弹出刘天王做的卡地亚广告。刘德华真是好青年，五十多岁依旧保持俊朗小身板，看的女人好生忐忑，男人对自己的身材都严苛至此了，女人岂能不爱惜自己的羽毛？广告结尾，英文字样：Never Stop……永不停歇，嗯，点个赞！

5.10

白加黑，时尚界最美妙的断舍离。

white shirt →

一直很怕白衬衣。因为穿不好。

一直又很爱它，因为知道穿好了会很妙。

时装精有个规律，在经历了一番的姹紫嫣红之后，往往走向极简的另一头。比如索菲亚·科波拉，再如法国 Vogue 军团的麻杆编辑们，不是一身黑，就是白加黑，顶多加上牛仔蓝，那些个桃红柳绿是用来指导公众的，尝试过种种的人，心素净了，身上的衣服也同样。

白加黑，是时尚界最美妙的断舍离。抛开其他色，哪怕黑白间的几何拼接，都显得是复杂了，色块简单，一来一往，成就镇定洗练的白与黑。

不觉沉闷，又怎会沉闷呢。

以我的经验，要有型，纯白的硬挺领衬衫比纯棉软塌塌的好穿许多，也更显品质感。大气场的，自然可以随心所欲着挑选，而如我般，一穿白衬衫就容易像制服工装的人，则要多多斟酌了。比如，直身的会比修身款的好穿，直领的又比小圆领更符合现在的年龄气质。最最不敢碰的是原白色的棉麻衬衫。曾经超爱 MUJI 的白色衬衫，乖巧模样，云淡风轻的，可穿上身，显胖又邋遢，只能说，那须得是零身材女孩，然后眉目清淡的才 OK，像我这等接地气人士，还是那些同样接地气的款式更适合。

我的闺蜜 Rococo 是热爱白衬衫的文艺女。和我相似，她也选了直身的娃娃款衬衣，搭配过膝的黑色长裙，复古船鞋穿脚上，颇有几分五四青年的 Feel。细节处是亮点，她喜欢用 Vintage 金色胸针点缀衣领，别致又低调。

我与 Rococo 不同，没她那么的文艺细致，爱的也是些华丽丽的配件。就比如，穿白衬衫的时候，我喜欢用一副满身写着神秘气息的黑色宫廷感耳环做配搭，头发遮掩，若隐若现间，欲诉还休。

当然了，项链、手镯也不错。只是切记不要同时戴，白衬衫的殿堂里，身上配件不能多，这高贵、克制的白衬衫啊，崇尚的可是简练中的大内涵。

曝下今天我的白衬衫 Look 吧。没有傲人筷子腿的我，穿这白衬衫最爱搭配九分、七分裤，微微露出脚踝，会让比例显得好很多，也更加的纤细优美。裤子的质地在我看来很重要。舒服的罗马布搭白衬衫有些过于朴素了，牛仔则略粗糙，而那些泛着光亮的黑色裤装又会聒噪。我选了一条运动裤面料的黑色七分裤，腰间抽绳，自有一种休闲中的柔美味道。

至于鞋子，搭的是 Elizabeth and James 的矮跟缎面鞋。低调的一身并不意味着一低到底，那需是更耐看的“低奢”。鞋子，就是一眼识得的那一瞥。

你瞧，狮子座的我好爱这浅唱中的华丽丽啊，亲，你呢！

chapter 10
笑容到位了，一切才对了

MY DIARY OF FASHION ATTITUDE

▸▸5.13

有些衣服，是和年龄无关的。比如牛仔，比如条纹。

老观念会觉得，那都是青春年少时穿的东西。如今，才知，恰恰是因为那满身浓郁的青春符号，于是，对某些人而言，它无论何年何月都能穿的出来，有它在，青春就不离席。

说起条纹，很奇怪，最先想到的竟是女魔头安娜·温图尔在纪录片《九月刊》里的某个居家镜头。置身自家乡村大 House 里的安娜，依旧童花头，却不再“Prada”。白底黑条纹 Tee 配白裤，是最经典也很常见的条纹穿搭，坐在沙发里翻阅自己和女儿的相片，那一刻，会觉得她很亲切。也让我联想起初出茅庐时，带着满身锐气闯纽约的英国小妞安娜，那件条纹 Tee，很容易就把人带回到当年。

即便如今，她已是身价不菲的时尚圈 NO.1，我想，正因她骨子里那些的鲜活与奔腾，再加上大智商，大情商，大幸运……才成就了如今的安娜女王。

相较矜贵的 Prada，我更觉得，那件条纹 Tee，才是安娜骨子里的原动力。那是精神符号。

必须跟各位说声 Sorry，一上来扯这许多的关于安娜的条纹联想，纯属个人感慨。却也表达了我对于条纹的思绪情感。活力，青春的代名词……即便有时，你会觉得它单调而乏味，可，真正爱条纹的人，却懂得它以不变应万变的好。且，那股青春味道啊，（无论你的灵魂深处是长久具备这样一种特质，还是只靠它来客串寻找，条纹都不会让你失望）阳光下活泼泼的存在，它始终明朗着，大开大合着给你瞧。

爱条纹的，当然要有件条纹 Tee 啦。在我看，这看似简单到不行的条纹 Tee 其实很难选。我是龟毛不随和的人，面对条纹，我的内心戏颇多。比如条纹之间的距离不能过宽或者过窄，不同脸型不同肤色的人对于不同宽窄的条纹其实都有不一样的挑选。条纹的粗细也不能过于的莽撞呆愣，而至于制

作条纹 Tee 的棉纱，我始终是一分价钱一分货观点的拥趸，凡此种种，能寻到一件适合的条纹 Tee，的确是门技术活。

之所以开篇就说安娜温托尔的条纹 Look，我想盖因她常年给人的华丽印象与这清新条纹之间的反差太明显，而更加经典的条纹 Look，则是珍茜宝在《精疲力尽》里的扮相。利落短发，一件基本条纹 Tee，配紧腿裤，平底鞋的茜宝，这样一身，典型的法式 Style。真心觉得，这法国式的条纹 Look 才是最具韵味的条纹，至于美式，甚至，英式……前者太随意，后者略冷酷……唯这法式条纹，进可攻退可守的，轻快着，浪漫着，像一曲漫不经心哼出来的法国香颂，悠悠。

骨子里我并非标准的条纹控。或许是因内心戏太复杂，妨碍了我对这活泼条纹的热爱。于是条纹也只变作我在某一时刻的偶然为之。却很喜欢一种条纹与条纹的混搭游戏。貌似是很无厘头的穿法，其实却颇见功力，也给清爽无心机的条纹，开出一条刁钻、别致的路。且，那份属于条纹的活泼感啊仍在，青春无限，风采。

5.15

朋友上海开画展，寄来邀请函。上回他在 798 的展错过了很可惜，这一次，一定要去看看。

也是好久没去上海了。那里有我不少的亲戚，当年的千金小姐们，如今都已变成了白发苍苍的老人。我家的姑奶奶，是大排行的，到了十姑奶奶，还要分出大十姑，小十姑……有关她们，也多是听父亲讲的，真正见过面的，不超过一半。

但每每听到用南方话叫出的五姑、七姑……就觉悦耳，发音很精巧，颇像她们身在的那个城市，我一直是对上海存有好印象的。

早班机过去，只为能在中午赴了和 Tina 的约会。她刚刚在武康路开了间女装买手店，当年的时装编辑，如今延伸做老板，很是佩服小女子的开拓力。在 K–11，我风尘仆仆过去，Tina 早已等候多时。黑色背心黑色裤，外搭一袭颜色正到不行的大红披肩，皮肤白白，头发黝黑的她啊，坐我对面，精致的如同餐桌上的瓷器。

说起她的店，说起她最近的爱情，说起她即将开启的意大利之旅……Tina 如今是春风得意马蹄疾，开在老宅子里的女装店最近频频登陆沪上媒体的时尚版，至于为何这么红，我想是和 Tina 挑剔、敏锐的个性分不开。对于美，对于时髦，Tina 都有着让我惊叹的精准眼光，她的店里大多售卖国内国际的设计师品牌，那些有别于淘宝 Feel 的精致女装，和 Tina 本人的格调很搭，透出曼妙的欧陆味道，斯文而隽永。

谈笑间，不停有食客路过，目光也一次次被吸引，然后跟着跑。12 点钟，外面牌号等座位的人排起长龙，虽说是中午，平常工作日，可这南来北往的客人们，典型的上海 OL 腔调，让人饱足眼福。

想起朋友说的那句：北京是粗糙的浪漫；上海是精致的装逼。Ryan 大爷更是一语中的，小气而精致。

呵呵，论起来，我还是更爱这小气而精致的上海，哪怕它果然是精致的装逼，也很好啊，装着装着就真了，你说，能装一辈子、几辈子的城市，真的是牛逼。

5.19

不知阁下是否和我一样，时不时会因心里的不安分而买下一些矫情无比的裤子或者裙。穿腻了朴实本分的牛仔裤、卡其布，对针织、罗马布也升起几分怨气出来，不停抱怨着：你们就不能显得机灵点吗，就不能透出点妖娆味道吗？真的，良家女子动不动会被妖气吸引，在此种情绪驱使下，于是，我的衣橱里，会躺着几条骚气无比、泛着高光的东西。

当太阳再次升起，当我的理智回归，就难免纠结起来，裤子漂亮归漂亮，却真是浮夸的不好意思穿啊。穿上，脱下，脱下，又穿上……一般这种裤子，最适宜参加那些比一般饭局隆重、又不过分兴师动众的派对，当女人们都在穿小礼服裙的时候，你只需用一件衬衫来配这种浮夸小裤，就会很轻松地在人群中脱颖而出。

而平时，她们却是太矫情了。

贱人就是矫情，Hbo 给出的翻译很有趣，Bitch Is so Bitch，当然不喜欢被骂 Bitch 了，尤其因一条裤子被冠上这种头衔很不划算。最近在关注被众多 Girl 们喜欢的 J.Crew 品牌首席创意官 Jenna Lyons，这位海拔傲人，长了

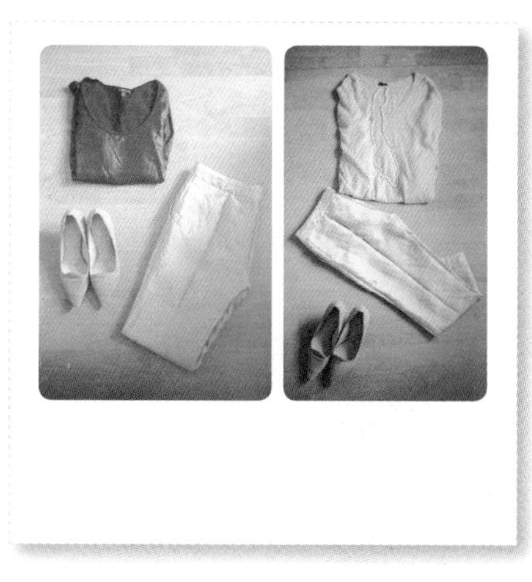

一张硬朗大长脸的女士，生活中却喜欢一些颇有脂粉气的东西：绸缎印花的长裤，鸵鸟毛裙摆的上衣、长裙……穿搭出的风格却绝不娇憨，那些矫情的绸缎裤在她的调教下，甚是驯服。Jenna 最擅长的把戏就是滤去那些胭脂水粉身上的妖气，用一些看着根红苗壮的东西做混搭，然后，“夫妻双双把家还”，一派其乐融融的景象。比如，她喜欢拿一条亮面丝缎裤与质朴的上衣做搭配，再比如用蓝色的传统牛仔衣搭一条蓝紫条纹的 Blingbling 长裙……所配的鞋子则都是些颜色绝不低调的尖头高跟鞋。纯白、宝蓝、玫瑰紫……你瞧，这位高大硬朗的创意官，内心是多么的缤纷妖娆，而更加妙的是，她将那些矫情的东西搭配得一点都不浮夸，颇适合在日常里穿。

受此启发，我为自己的衣橱做了个大整理，那几条曾让我数次陷入纠结的缎面裤顿时有了新方向。试问，谁家没有几件一色的 T 恤呢，爱衣多年的你，也一定会有牛仔上衣吧，打破思维定势，重新将它们排列组合，真的，你会发现，那些旧物突然就变作了新宠，获新生。

5.26

阿丫

参加一个颁奖礼，主办方说，请着小礼服，我却别扭着……白衫、宝蓝色裤，是否也能上台走一遭！

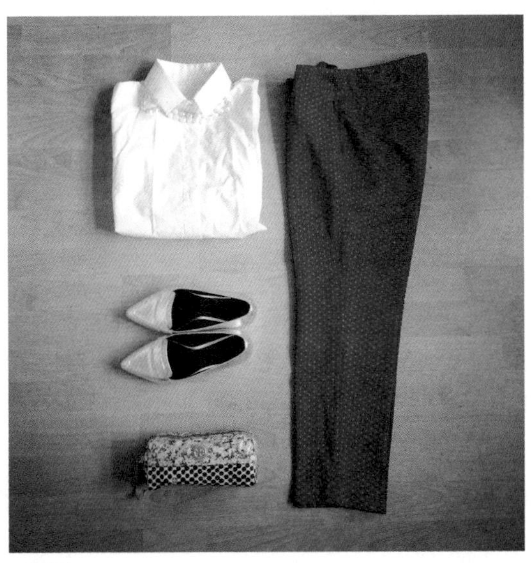

1分钟前

▸▸5.29

美女设计师 Yan 几天前电话我，说是要在一个车友俱乐部做沙龙。邀请几位圈中好友当模特，其中一位就是我。

呵呵，狮子座的人啊，爱显是天性，至于当麻豆走秀，却也是为数不多的机会。好呀好呀，很不矜持地答应，然后，很敬业地饿了自己几日，只为沙龙当场，有个不错的亮相。

Yan 曾是我的拍片模特，那时候，七八年前，她刚毕业，是城中最红的女麻豆。身材高挑，气场强大，经常会受邀出席高大上的名品拍卖会，如今，我依稀记得彼时穿一身白衣，在台下，在帅气男嘉宾身旁，频频举牌的她，那时候，她是焦点，是公主，是全场的明星。

如今，岁月流转，不甘只靠姿色的 Yan 摇身一变，成了城中有名的制服设计师。不像当年那般鲜嫩，却多出不少的成熟干练。东北姑娘的豪爽性格，也让她不拘泥于自己胖了几斤几两，或者眼角又多出几道细纹，服装设计师 Yan，穿朋克装，开越野车，将当年的公主 Yan 甩在身后，好一副飒爽英姿，豪气冲天模样。

中午跑去化妆，穿起 Yan 派发给我的衣裳，一条绿色背心连衣裙，不是我惯常的格调，却很活泼，很打眼。化了浓重的妆，我瞬间觉出不自在了，一向素颜的人啊，脸上多出半点的修饰都会不自在。

丫姐，很美的。

说此话的是一位 90 后姑娘，海南女孩 Candy，小脸鼓鼓的，一说话眼睛就笑成了月牙弯弯。

我抬眼看她，OMG，原本还是清爽明媚的女孩，此时不知在哪位发型师的“创意”下，变成爆炸头，说实话，忒俗媚了。小姑娘一边端详着镜中的自己，一边嘟着嘴巴自言自语：这样可以吗，不太好吧。

我不知该怎么安慰她。的确，看着她，再看看我，化妆师已经对我很是

手下留情了。

Ryan 和几位朋友已经到了现场。看到我，当即爆笑。好吧，既来之则安之，至于化了怎样的妆，穿了怎样的衣裳，有关系吗。姐妹儿就是 Hold 得住。

同是狮子座的 Rain 也来了。本想着是车友俱乐部的活动，大概会很酷，于是邀他前来，认识不久的 85 后男孩，很礼貌地按我指示，型男出场。藏蓝色衬衫、白色长裤，人家还是那么的帅，可姐妹儿我就为艺术献身了。如今愈发喜欢与 85 后、90 后为伍，轻松又自在，且他们那些天马行空的想法啊，很能激发到你。尽管相较 70 后、60 后，他们会透着浅显，可浅显的，也好啊，清澈一滩水，最是珍贵。

顶着俗艳爆炸头的 Candy 跳了她擅长的肚皮舞，Ryan 大爷激动了，Rain 激动了，现场的男人女人欢呼激动了，小姑娘真是甜啊。很羞涩，很甜美，很自在，仿佛忘了这古怪发型对她的破坏力。舞起来的她，也真是神奇，竟不再让人觉得那发型是有多古怪了。

拍照发网上。一分钟不到，有朋友冒出来：这姑娘能喝酒吗，有微信吗，求认识啊。

哈哈，甜美的姑娘，人缘就是好。Candy，看得我都甜甜。

好嘞，穿起我的绿莹莹连衣裙，顶着大浓妆，走一个……满满正能量，向 90 后学习。

▸▸5.31

我的朋友 Mer 和阿琛是姐妹俩。同样都是文艺女，姐姐 Mer 写字、画画，妹妹阿琛不画画，却开了间嬉皮风格的杂货小店，然后和个摄影师男孩谈恋爱。

两个人都不是典型的美女，却都有本事不做什么，就让人过目不忘。

在我的印象里，她们都很瘦，姐姐几年前割了双眼皮，不太成功，她倒不是很在意，尽管偶尔也会抱怨技术差，却不妨碍她继续打扮做女王，不得不说，有些女人天生就知道如何施展“才华”，有的则抱着上天赐予的“好皮囊”，却依然在无所适从没方向。时间久了，不甚成功的双眼皮被她降服，反而成为一种风格，与她的身体、气韵相融合。

那时候，我们都爱周末混酒吧。Mer 扎高耸的马尾，穿吊带黑色袍，脖子上套着层层叠叠的金属项圈，让我想起埃及壁画上的女子，戴一副阿炳式的圆墨镜，站在木头桌子上舞蹈，台下则是一票哈韩、哈日的 Boy、Girl，而她，当仁不让是主角。时隔多年，那一幕依然清晰定格在我的记忆里，那是关于 Mer 的本色印象。

妹妹阿琛说话大咧咧，是个很直接、很率真的人，她的店很小，开在教堂附近的老城区。每次去，每次都吃惊于店铺的乱糟糟，到处都是货，需要你去耐着性子一点一点地淘，而这，就是小店的特色，青岛无二家，别无分号。坐在小店深处的阿琛，总是不容易被看到，层层叠叠的穿戴，打扮如女巫。跟她询问这个好还是那个好，她不会跟你玩含蓄，毫不拿捏，会直截了当地告诉你。和城中的文艺小清新们不同，她更像是电影里那些跟着大篷车游走、会玩塔罗牌的女子。印象里，穿得“啰里吧嗦”的她，时不时还喜欢穿蓝白水手装，把蓬乱的头发绑成一左一右两马尾，难得这清新明丽模样，亦正亦邪间，完成了我之于这水手装的时尚启蒙。

画画的 Mer 在经历了一连串的爱情打转之后，和一个在伦敦的 IT 男闪

婚了，于是，她摇身一变，由先锋女画家变成了伦敦主妇，据说身在异乡的她，在装修大House，被老公调侃是没用艺术家的同时，她依旧在画画、写作；妹妹则在结束了和男摄影师的关系之后，也效仿姐姐，而她去的，是和身上那件水手装一脉相承的法国，不在巴黎，却离巴黎很近的一个地方。

期间，她们有双双回来过。说实话，那是让我心塞的重逢。和大多数人一样，她们都未能幸免的老了。而且，许是舟车劳顿，她们的眼神里带着疲惫。和我身边那些每日考究出行，认真打理自己皮肤，呵护如羽毛的女人不同，奔赴他乡的姐妹俩，不光鲜，很寻常。

当年的女王，估计不会再被男人吹口哨了吧，表面看过去，她们就是那么普通的不再年轻的姑娘啊。却不可否认的，不再玩“时髦”的两位，都还在坚持着自己的坚持，在得过且过和坚持梦想之间尝试、生活。

我自顾自地想，或许，身在异国的她们，关注的早已不是那些表面上的光鲜漂亮了。作为一个旁观者，我不了解她们的生活，我也没有她们那般不寻常的想法，更缺乏姐妹俩身上那种决绝的行动力。应该说我们有太多的不像，可这并不妨碍我和她们做挚友，更对如此独特、不俗的女子抱有莫大欣赏。

F这几日一个人跑去了英国，在不列颠巡游的时候，很自然地设了看望Mer的一站。今早传来照片给我，惊讶到。还是那个瘦削的Mer，黑发，扎

两个女子，都还在坚持着自己的坚持，在得过且过和坚持梦想之间尝试、生活。

着马尾，穿肥大到脚踝的黑色拉链哥特风衣，戴着大眼镜的她，素颜，与F合影，绽放出干净的笑，眼睛很明亮。那笑容看得叫人泪奔啊，一瞬间，我释然了，与几年前的疲惫样子不同，很高兴看到了一个仍然保持风格，不再年轻却愈发衬得起“女神”二字的姑娘。

F说，短暂的相聚中，她从包里找出一个颜色扎眼的蓝色指甲油送给她，Mer不要，说在这里基本用不上；F又掏出一个在当地买的造型怪异的墨镜给她，继续不要，说你还是拿回去送人吧。我笑F的不过脑，笑她总是喜欢无缘由地给喜欢的人小礼物，却忘记了在人家的地盘上，怎么还会想着拿当地的东西送她。与Mer匆匆告别，F重新回到一个人的状态，正在漆黑的车子里犹豫着自己下一站该去哪的时候，有个熟悉的声音叫她，在异国他乡，一如N年前她们初识时的声音，温柔、婉转……F猛地意识到，她事先预想的重逢就这么结束了，只留下一句贴心的提醒，一个远远的笑。

有时在想，敏感、挑剔的我们，是不难有坚守又时髦的老去吧，假如你我有幸活到那么老。到那时，希望我们身上更迷人的不是穿了什么衣裳，做了怎样的扮相，而是一份勇气，一种不预设、任意走、勇敢前行的步伐。

希望路的尽头是美丽风景。

▸▸6.1

六一节，大人们过得比孩子更欢乐。真正的儿童们，过这节太名正言顺了，也就少了一些的说头。大人们，有了反差，祝起自己节日快乐来，反而特来劲……

加肥猫说，大人过儿童节，无外乎两种情况。10% 的是的确葆有一颗童心，于是也就有了和孩子们一起过节的资格；而另外的 90%，都是臭不要脸。哈哈，他定然是把自己归类在了那 10% 里面（平心论，他也的确有这资格），于是，说起这句话，他显得特有存在感，特别的理直气壮。

祝你一辈子做女孩，祝你把自己过成老男孩。前一句容易被认同，至于后半句，男人们会掂量，老男孩的样貌是不错啦，长不大的人老不了。可另讲的是，已经到了要有担当、要做顶天立地男子汉的年纪，还被人叫成老男孩，多多少少，挺尴尬的吧。

如今的社会宽容很多，前有谢耳朵（《生活大爆炸》男主角），后有我身边一票年逾四十，却依然被我一遍遍联想起 Boy 这个词儿的老人家们。和他们生不起气来，更不会用对待男人的标准来严格要求。你啊，好任性……是对老男孩莫大的宽容。

索性就让我们真的臭不要脸一把吧。在六一节，沾沾儿童的光。用那些童趣的图形，点缀日渐冷静单调的衣橱。就比如，我会喜欢给自己买下样子反斗或者乖张的 T 恤，她们或者是一个眨着眼睛的圆脑袋，或者就是一个硕大的红色嘴唇，亦或者，是一只灵巧的小鸟，一个憨憨的猪头像。我喜欢将她们穿在我的黑色西装里，或者搭配那些笔挺的西裤尖头鞋，狮子座的人，的确是不缺赤子心的，你瞧香港的 Eason 陈先生，不也是喜欢烫着方便面偏分头，然后穿各种古怪、搞笑又有型的 T 恤吗？他的粉丝打出标语：只爱怪人！嗯，或许，真的算是怪人吧。

当然了，这样的抢着做大儿童并非就是让你真的去做儿童了。那些童趣

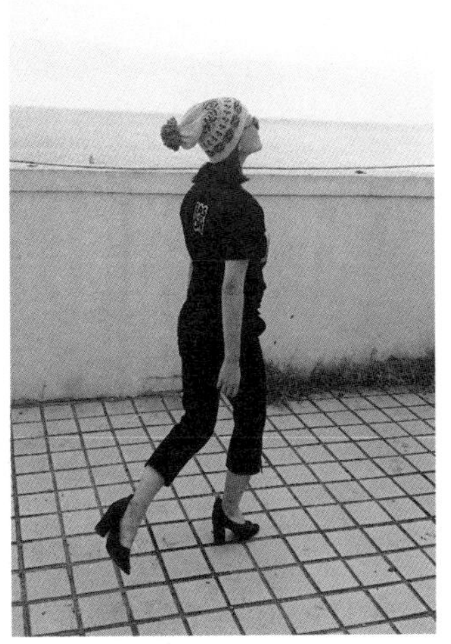

的只能是某个小单品而已，一只耳环、一个包包，或者是一双鞋子……某日，假如你把外套风衣也直接变成大嘴猴，或者把 18 度灰的修身半裙换作是丑娃图案的蓬蓬裙，那么，亲爱的，要么你真的修炼成了时尚女魔头，能用强大气场 Hold 住这一众的南来北往，要么，你会被当成是走火入魔，缺乏时尚 Level 的潮流脑残粉。做前者，难，做后者，千万不要啊。

最后啰嗦一句。莫以为衣服穿到位了就万事俱备，请记住，一个由内而外散发着赤子气息的人，脸上一定要有灿烂干净的笑容，就像那些六一节穿起白色衣裙做汇报演出的孩子们一样，笑容到位了，一切才对了。

否则，你依旧会是 10% 以外的那个人……人家都说了，臭不要脸！

嘿，好坏。

chapter 11

亮出真实的自己，是一种能力

MY DIARY OF FASHION ATTITUDE

6.9

同事说，结婚买的红色 MCM 真是可惜，没用两次就闲置在家了，太大，不适合。

另一位跟着讲：是啊，我的那双哈瓦那，刚买回来就不喜欢了，连标签都没有拆……

不如组个局吧！脑海里顿时闪出一个念头。找个地方，搞个二手市集，大家把沉睡家中的宝贝拿出来，或卖或换，都 OK……

一发话，办公室立马骚动起来。哪个女人家里没屯点让自己添堵、默默控诉自己浪费行径的衣服、鞋子啊，于是，一呼百应，轻轻松松就有了群众基础。

却不能草草了事，这不符合我的性格，索性搞个复古二手趴吧。大家穿起上世纪五六十年代的衣裳，意指老的、旧的。同时邀请身边的有型好友，献歌、耍宝、凹造型。对了，在纽约做 DJ，收获姑娘们尖叫声无数的 Dianel 回国了，这个背双肩包，蹬单轮车、一身国际人士香水味的金牛男，请他来打碟，绝对是全场的爆点。小清新与白富美同台，屌丝男与高大上一道，组个这样的局，有香槟、有美女、有音乐……既变废为宝卖了货，又能尽兴玩耍一番，两全其美。

地点选在加肥猫的小确幸海景店。这个时下城中最火的西餐厅，因加肥猫生动的网络营销，迅速蹿红。纯白世界，二层洋房，透过窗子，还能看到海，以及城中最时髦的风景。于是，火速邀约，629，大约三周后的周日下午，好朋友们来聚会，卖卖货，凹造型……

和 Ryan 说这事儿，老男孩颇认同：可以啊，算是你的订阅号“阿丫的时髦趴”的落地活动。也算 O2O 吧。哈哈，瞬间被拔高了，有些不适应，却助我信心满满。

消息发出去，顿时一发不可收拾，群情高涨。其中一条留言是：好期待 Ryan 的曼玉式开嗓，哈哈，我也很期待。

629，Party On，我们拭目以待。

组个这样的局，有香槟、有美女、有音乐……既变废为宝卖了货，又能尽兴玩耍一番，两全其美。

▸▸6.12

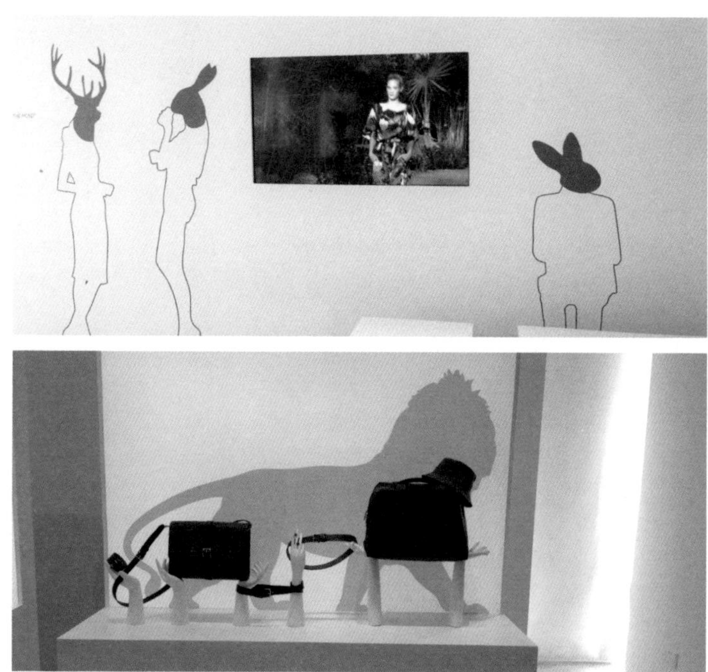

昨晚终于把629的宣传海报确定下来了。选了一张颇具绅士感的白衫西裤图，然后，让薇薇安·韦斯特伍德大妈的那个非常著名的呲着嘴巴的头像顶在男士的胸膛上……这风格，哈哈，是不是很搞。决定下午在微博、微信同时发布。我们的复古趴也就进入倒计时了。

一早飞北京，参加爱马仕的秋冬新品预览，匆匆的两日往返。柏悦酒店Waiter的制服似乎不像以前那么板正了，电梯口打招呼的帅哥却还是挺帅的。听口音，像是来自Hong Kong的吧，突然想到一些旧日往事……心塞。

爱马仕的詹妮弗还是一如既往的高大上，笑容可掬的她，总是轻轻松就能融化你，那份亲和力，是和一个人的底蕴阅历分不开的。见过的一票品牌公关里，叫人印象深刻的，她算一个，之前 Celine 的 Miss 陈也是一个，只是，离职之后，就再也没见过那位优雅利落的女子了。

说来，还真是想她。

一直觉得，品牌的市场总监们，能和所服务的品牌气质搭得上才妙。作为品牌的活招牌，看到她如何穿用自家东西，也就知道了品牌所要传递的精髓所在。亲切大气的詹妮弗，身上写着三个字，爱马仕。是的，这一点，不夸张。

让我兴奋的，是在展厅邂逅了洪晃姐。白衫长裙，一只红色提包，与她的标志性红色眼镜框呼应。远远望过去，怕看错，走进了，可不就是她。这还是那个印象里言语犀利的意见领袖女汗纸吗？虽然不年轻了，可是，So What。赞她的新发型很漂亮，对方开心着答：哎呀，我也觉得，只是，头发一把一把掉，头发长了都是这样的吗，不会变秃子吧。

朋友圈里，有晃姐的铁杆粉丝问我观感，是否很文艺，很有学问，很高大上？呃，我的真切体会是，但凡真正高大上的人越会看着接地气，有事儿没事儿就摆出一副很有学问的样子？想想是件多恐怖的事儿啊。我只知道，她和大多数女人一样，爱美，关心美，喜欢被人夸，目前，她最担心自己的头发。

问晃姐，假如有来生，希望做美女，还是才女。

美女。答的毫不犹豫，直截了当。

瞬间乐了。转念想，倒也是。只是，能这样干脆回应的，并不容易。这要拥有多么强大的定力才能够如此直接的表达。长得不美，年华老去，身材走样……这些都是女人的天敌啊，只是，看到五十开外的晃姐，我的心踏实

了不少。怎样的女人才能无惧岁月，依然保持一份魅力？我心安处是幸福。虽然这话很多人都在讲，可是，知易行难，唯有当你真的遇见了那些自在行走的过来人，近距离地感受到那份魔力，你才能体会到它确有其事，也才能做到真正的释然。

朋友在微信里发了一张图，俊秀笔锋，书写四字：真不容易。妙啊。自认尚未强大到接纳真实自己的我，对着这四字，感慨万千。一声叹息，真不容易；一种表达，真，不容易。多少时候，我们隐匿下自己真实的想法，隐匿下自己的真性情……隐匿种种，只为勉强着去靠近脑海里那个所谓的完美影像。心想着，唯如此，才好吧，不如此，就尴尬了吧。眼界窄的，哪里能容下一点点的不完美，却忘记了这天地之间哪有什么完美的影像。

退一万步讲，即便真的是有，也正是那一种笑纳不完美的从容态度吧。

接受真实，对每个人来讲都是一场修行。个中内容，不尽相同。人人都有人人的九九八十一难，克服了，也就修行圆满了。这一路降妖除魔啊，呵呵，真不容易。

阿丫

能亮出真实的自己，是一种能力。

1分钟前

›› 6.20

墨镜受宠的时刻到来了，让我们齐声欢呼。

一个骄阳四射、热力如火的时段，全体姑娘开始涂防晒，部分姑娘开始打遮阳伞，而我只需要一副墨镜。

在我看来，它应该是最值得购入的单品，括弧，没有之一。让不擅算术的我给各位做一番屌丝级盘算吧：3000 块钱，可以买一双不错的鞋，一只不怎么高档的包，却绝对可以买到一副质量上乘、设计考究的墨镜。而以使用率比较，鞋子不可能天天穿，按法国人的穿鞋习惯，断不可连续两天穿同一双鞋，且即便阁下再喜欢这双鞋，假如某一段时间的出镜率过高了，也会被那些挑剔的女人酸溜溜说上一句：总见你穿这一双啊……背后寓意，深远。

至于皮包，连续一周背她的确没问题，却总有与衣服不搭的时候吧，总有背腻背烦的时候吧，且公道来讲，对鞋子，不要天天穿，很重要的一个原因是为了让鞋子休息，让那头层小牛皮自我修复，包包何尝不需要呢？皮革制品，还是劳逸结合的好。

墨镜则无妨了，树脂材料，省了皮革的那些矜贵与烦恼，假如你买的又是一副硕大黑超，它几乎是可以和任何一套衣服搭配的，如此这般，投资眼镜，自然比鞋子、包包来的划算。

有人会说，墨镜只戴一夏，其他三季无用武之地啊。作为一个真心热爱墨镜的人，我非王家卫那般需要永远戴着黑镜扮神秘，可我也要分享一下自家心得，北风凛冽又艳阳高照的冬季，春风和煦又柔情蜜意的春天，还有，还有那让你觉得有些许萧瑟感的深秋时候，都不该错过墨镜的关照。且戴的时间久了你会发现，再难接受那太过刺眼的日光，眼睛眯起来，眼角的皱纹爬上来，拼命抗衰的姑娘们，与其亡羊补牢购买名贵眼霜，还不如从控制自己的表情纹开始，与那些豪爽的大笑比起来，迎着太阳眯起眼睛的动作，更该过滤掉，而这过滤的利器，就是简简单单的一副墨镜喽。

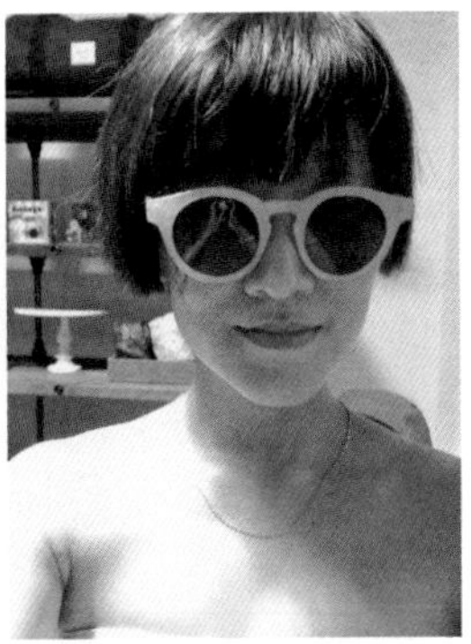

在西贡，不忘逛街的我发现这副 sunday somewhere，圆形，粉色，凹造型神器。

以上说的都是从性价比、实用度层面做的理性分析。善于在理智与情感之间打转的女人们，又怎会只是贪恋实用这一项诉求。除了上述现实问题之外，她又真的是扮酷利器、遮丑利器、凹造型神器啊！君不见很多时候，穿一袭黑裙，或者只是简单的白 Tee、牛仔裤，再寻常不过了，待墨镜驾到……瞬间路人变型人。更甭说当下轮番上演的那些新版墨镜大角逐。Karen Walker这个潮流且趣味十足的品牌每季都会推出众多造型奇特的墨镜，呆呆的浑圆型、犀利的猫女风范，或者 Blingbling 元素、彩色勾边……一副原本端庄、正常的墨镜被赋予无穷新趣味。看着，就欢喜，戴起来，瞬间减龄，且毫无变身阿拉蕾的困扰，三十开外的熟女们戴起来甚至会比二十左右的青春无敌美少女更有韵致，流逝的是青春，永远常伴的是那颗童趣的心。

▸▸6.24

频繁造访一家叫做新闻服饰的服装店。本月是第三回了，且每去必有收获。

是家已经开了十多年、在城中颇有名气的老店。店主是个有眼光、很文艺的人，她的店铺也就自然偏向文艺风。有段时候，我喜欢起了线条分明的硬时尚，于是，就不知不觉把这里冷落了。

最近却重新爱上。它家最牛的是那种日本单的棉质上衣或者裙。当年伊都锦的风格，肥肥的，很舒服的样子，细节处会有很精巧的设计，比如一颗精致的纽扣，再或者衣领处细腻的握脚。

我的穿衣喜好时不时会在简练欧式和斯文日系之间游走。这几天不知怎的，突然就不想穿太强势的衣服了。

和朋友讲，竟有些人把我看做女强人，而其实，我是多么的胸无大志啊。心里其实只想着穿穿漂亮衣裳，看看闲书，写写字……听此言，还不太熟的友人显得有些尴尬，挤出一句：做小女人也挺好。

小女人，这仨字对我来说太稀罕了。去足疗馆，都会被服务女生说一句：姐，你一看就是女强人。当时，和我同去的朋友哈哈笑起来，我则难掩满脸的尴尬。那服务女生还继续撒着娇说，不像我们，做不了什么大事情，就是小女人！

你瞧，你瞧，足疗小妹多么懂得见机行事，撒娇扮柔弱，而如我这般胸前顶个勇字的单身女青年却还在硬撑着装坚强。

照照镜子里的我，修身连衣裙，十分高跟鞋，腰间细腰带……嗯，利落的不行，虽说是适合我的衣服，可穿的时间久了，看看都觉辛苦。

尤其这几天，一连几件事情找到我，都是需要张罗布局的大动作。原本云淡风轻过日子的人，突然就被推到了风口浪尖。且我这狮子座的天性啊，又不懂服输，即便一再地默念，要舒服，先服输。不懂得服输的我，显然就

不舒服了。

去那家小店，变成了一种休闲放松。头疼欲裂的时候，到店里和老板聊聊天，有一搭无一搭就试了好多衣服，老板是认识十余年的旧相识，待我做老友，于是，试衣变成一种娱乐，且女人嘛，互相点评着，好看不好看的，是很有用的治愈系。

看到这件素麻镂空裙的时候，我起心动念了。好乖巧啊，而这种细腻日系风其实也很适合我，尽管已经好久不穿了。

近来没有什么新恋情，却和一位英国回来的海归有着各种暧昧。那是个颇懂得和女人讲话的人。皮肤黝黑，好运动，身材被练得很精干。起初竟还以为是传统保守的人，相处熟了，才发觉，人家是多么爱好呼朋引伴啊，穿梭在各色人等之间，游刃有余。

你说，究竟是有个嘴巴甜蜜的情人好呢还是木讷笨笨的更妥帖？

当然知道这是各有利弊的事。却也真是纠结的厉害。后者？妥帖难吸引；而前者？一遍遍地唠叨他嘴上抹蜜啊，千万别当真，可那些动人的言语，偏就直往你心里钻，岿然不动？太难了。这样一个人，假如再有颜值，假如又事业有成、多金多荣耀，好的女人缘，那就不言而喻了。

很多的不确定，很多的小兴奋，很多的小纠结……敏感多思的我对于这种情绪波动有些吃不消。还是云淡风轻着好吧。如今越发相信，一切天注定，尤其，在大事情上，更要懂得臣服，懂得听天由命。

却禁不住想，穿穿日系衣裳倒也不错啊。那些波点衬衫，镂空的棉质连衣裙，再或者格子、细条纹，不是法国式的洒脱不羁，温和的，娇俏的，我这个年纪，恨透了横冲直撞，缓缓的，更走心。

请嘲笑我的自以为是吧。可不管怎么说，如今恋爱、工作，我都喜欢慢一些。尽管骨子里，我还是典型狮子座，我知道自己有多少的好奇心无处安放，可，太急太拼搏？还是不好吧，悠着点，亲，咱们慢慢来。

▸▸6.26

那年，城中最有名的“表哥”霍小乱过生日，照例，都会举办有趣的户外生日聚会。在我的心目中，每提“表哥”，都会情不自禁地联想起《绝美之城》里那个孤独、有型的风流作家。穿最漂亮的西装，梳最考究的发型，身材挺拔，对细节要求一丝不苟。且是个女人缘极好的人，懂得善待女人，又颇具才华……于是，这样的霍小乱，天南海北有一票好友。

因那日表哥定的主题是意乱情迷旗袍趴，于是我和一众好友都无一例外地穿着旗袍去捧场。席间，结识了来自上海的设计师Sara，穿一身低调中式装的她，含笑，不多语。交错敬酒间，霍小乱突然说，Sara，把你的包送给阿丫吧。Sara是那种性格极温和的人，竟真的掏空包包，将手上那只专门为自己做的包相送给我。一切发生的很随性，我再多说什么都会显得很假。于是，赶忙道谢，收获这只样子大气的中式草编包。

却未料到，之后，它竟成为我夏日里出镜率最高，被人点赞最多的一只包。要说当初还颇有些顾虑，觉得自己没多少衣服能配它啊，心想着，应该和中式装、旗袍、棉麻们搭才对路吧。而这些显然不是我的菜。很勉强地找出许久未穿的肥腿黑裤，配个吊带、开衫，这是我所能想到的最吻合此包气质的衣裳了。

接下来该怎么着呢。想起衣橱深处还有几条棉麻连衣裙，MUJI出品，和这包包倒也般配。再后来，胆子变大了，我拿它配真丝，配素色雪纺，甚至白Tee短裤人字拖，竟也是好看的，且说句实话，用它搭那些文艺面孔的棉麻肥裤，腔调倒是正，却未免给人一种中规中矩、刻意为之的矫情印象，而这种白衫短裤的休闲短打，搭上这样一只包，反而看着更有趣，活泼中透出含蓄，含蓄中又活力四射的。

好吧，这就是我和一只草编包的缘。一个伪文艺青年，拎了一只文艺青年热爱的包包，竟然不难看，竟然很搭调。不得不佩服霍小乱的审美，经常

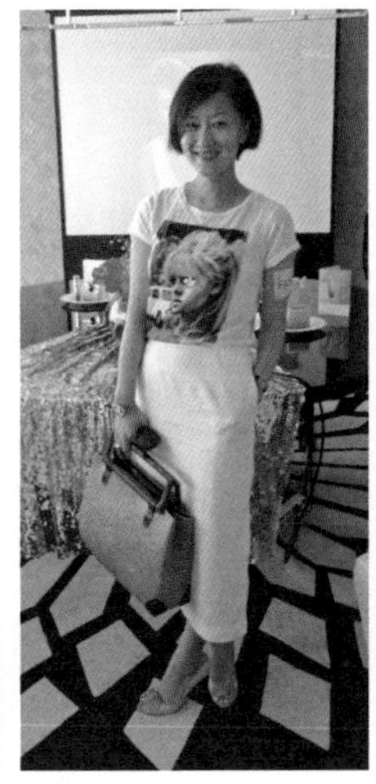

让自己穿成白衫黑裤的他，竟如此的目光犀利，这让我很意外。更欢喜的是，因他，还结识了那位风雅别致的女孩，Sara，也就是现如今，名声赫赫的中国风店铺“盛唐牡丹”的掌门人。

Sara 说，世间所有的相遇，都是久别重逢……

我知这话的出处，我也知这话被 Sara 讲出来，不是矫情，而是真心。一个如今少见的，活得很有古风神韵的女子。三年后，当我因那只包，再次联络 Sara，于是，三年未见的我们再度重逢了。我说，念念不忘，必有回响……

是的，必有回响，至于回响出怎样的内容，套用 Sara 喜欢提的那句话，一切随缘吧。

6.28

阿丫

今又生日，霍小乱再续旗袍情。表哥你好，送给表哥的最佳礼物，自然是按要求、着旗袍前往了。至于手上提的，还是当年那只写满故事的草编包。

1分钟前

▸▸6.29

各位，还记得吗，629，可是我们的 Big Day。

今天大伙合力把“小确幸”的房顶掀了。DJ 给力，音乐给力，来的哥们姐们给力，作为派对，简直太 High 了，作为卖货的生意，简直太 Low 了。

成交两笔，一笔是慧慧小姐的 LV 手链，1200 元成交；另一笔，则是我那败家姐妹儿 Seven 的黑色 Prada 尼龙包和小号的牛皮龙骧，双双被新主人买走。话说，本也看好了那只小号的龙骧，没承想，我这里外里张罗的光景，就被一个姑娘先下手为强了。

哈哈，也是好事儿。尽管我们的初心是娱乐第一，卖货第二，可好歹也是二手市集啊，大伙带来的那些个名贵闲置物，有了交易，才算圆满。

摄影师是当场最开心的，Peter，这个在城中愈发有名的摄影达人此番被我抓来当义工，男士爱美女啊，看他兴奋的样子，我知道，无须多说感谢的话了，美女太多，长腿 MM、清纯萝莉、摩登御姐……还有，我的 DJ 太牛逼了，Daniel 当场又收获一票花痴女粉丝，踩着滑板车前来的他，还是那么的冷静克制，不到他登场，他总是一副乖乖安静的样子，在角落里喝着苏打水。而一旦键盘交到他手上，他就是全场的灵魂。头一次感受到一个 DJ 带给现场翻天覆地的爆发力，之前的那些个羞涩，那些个矜持，那些个伪装……统统被打碎，全情投入的 Daniel 帅的啊，难怪从杭州特地赶来的两位花裙子美少女插空就和他蹭合影。

开红酒行的 Mr 郭绅士派头十足。要说，这样的场子其实不适合他，场地本就小清新，整个氛围也是透着年轻人的杂乱和亢奋，Mr 郭穿着他的笔挺西装、打领带，很自得其乐地在窗边抽着雪茄，拍着照。

下次去我那里办，给你两天的时间，这些东西，要多展示才好。郭大哥说。

看来，这不怎么成功的交易市集还颇有市场。慧慧席间的另一番话，更加鼓舞到我：快做个长期的二手市集吧，把我的宝贝们统统托付给你。

这位城中著名的Party Queen，率直可爱的紧。至于她家里那些的Chanel、Hermes们，我也深深觉得，闲置着太浪费了。派对上，她带来一只大号的粉色Miu Miu，同款小号我在店铺里试过，30000多块啊，当时看的肉疼，今天，见她将大号的12000卖出，这这……要说那是只全新的Miu Miu丝毫不过分，估计被她买回来，并没用过几次。做个长期的二手市集？或许，真的可以有？！

五点钟结束的时候，才发现我和我的小伙伴Ryan、F都累虚脱了。穿着

白色打折 Logo Tee 的 Ryan 今天 Hold 住全场，F 又将她的野歌手事业推进了一步，冷暖自知，张楚当年的歌，是我们身边几个老小孩的挚爱，现场唱，唱的人热血沸腾。

晚上，Peter 发照片给我，昂头高歌的 F 真帅，头上绑着发带，穿着英国背回来的暗红色大头皮鞋，俨然是 70 年代嬉皮士；Hold 满全场的 Ryan 大爷今天好拼，他身上的白色打折 Logo Tee 在这二手市集上穿，太切题了；而我，化妆上世纪 60 年代的我，此番被 Daniel 点燃了，他在 DJ 台那儿闭着眼睛自 High 的时候，我也没闲着，那节拍踩得欢快啊，红色耳环也跟着飞起来……

谢谢 Peter，谢谢各位，来的都欢乐，我这主办方也就心满意足了。

7.2

每到换季整理衣橱，都是一个让自己不得不面对现实的时候。“本月再买就断手断脚……”女人们喜欢发这种没用的毒誓，以应对之前犯下的那些让自己羞愧难当的罪行：相似的白T恤已经多少件了啊，不看不知道；还老说自己不适合穿白衬衣，数一数，竟也买下这么多；那些当初贪便宜买下来的T恤、上衣啊，过了几遍水，虽说没走样，但已露疲态，真心不想再穿了……

你说，这是怎样一个让人崩溃的过程。时间都去哪儿了看不见，银子都去哪儿了，一目了然。

沮丧着和朋友吐槽，本以为会遭致：你就痛改前非吧、悔过吧……之类言词。未曾想，却也有新鲜语录：尽管如此，没有哪件可以替代另一件，每件白T恤都会抚恤你某一个时刻的某种心情……

不禁释然了，也为此君的独特视角心生佩服。要不怎么说，很多时候，要学着换个角度看问题呢，听了太多关于忏悔、关于反思的购物狂宣言，却头一回听到如此贴心又在情在理的“开脱”回应。

对方附赠一句：人生亦如是啊！

哈哈，这颇合我心意。如今十分不爱用简单的标准去评判是非对错，还会一次次学着用心灵鸡汤告诫自己：好的坏的都是对的。自觉悟性不差的我，却从未将这句话用到我的买衣打扮上。你瞧，潜意识里，我是存了多大的负罪感啊。一再的，我和有着相似疼痛的女友说：这个月再也不能买衣服了，你们监督我吧；再买就罚我请吃饭，十顿，二十顿……

却未曾平心静气地回望自己这一路走过的Shopping之旅。然后说一句，没有哪件可以替代另一件！

是啊，总有变化在其中，好的坏的都是对的。一如我的某位密友所言：人要花多少冤枉钱才能找到适合自己的Style啊。买货的进程中，你经历风格上的斟酌，价格上的诱惑，各种陷阱，各种惊喜，各种对与错，然后，幸运的话，最终找到属于你的那型那款，当然附带的还有身后一笔长长的账单，或者可以说，这也是你在找寻 Mr Right 的过程中必须付出的代价。

世间没有免费的午餐，世间也没有买不错的衣裳。

更何况，还有那许多的买贵了却买对了的衣裳。人和衣服是讲感情的，很多个狂风大作的夜晚，恰巧又是独自漫步街头的，禁不住会想：幸好身上还有这件被我高看一眼的衣裳啊，否则我会为这眼前的冷清哭起来吧。那或者是一件 Burberry 的风雨衣，再或者是一件质地上乘的及膝羊绒大衣，也可能，只是脚上一双舒服又充满态度的 Hogan 黑白跑鞋……我会感到温暖在流淌。敏感的人啊，一时间感慨万千：幸好，还有你们在，我视你们如挚友，此刻，因为你们，淡了忧伤。

所以，对我而言，屯下心仪的衣裳是值得的。一如爱车的男人，有了日产 GTR，然后想要宝马 M6，有了优雅邪魅的奔驰 CLS63，然后，心向往着越野王者 G63 AMG……于他，是目标，那是拼搏的动力，是开足马力的心灵慰藉。

梳理之后，突然觉得那些花冤枉了的钱变得不再冤枉了，从另外一个角度看清自己也是功德一件，剔去不适合的，留下适合的，忍住贪念私心，收获矜贵实用，一如交友，一如爱情，那些的骚动，那些的寂寞，那些的斟酌纠结，以及那些一次又一次的心花、心动……经历了，然后知道了，没有辜负，没有可惜，收下丰盈满满，你，还烦躁什么呢。

5折

7.7

比基尼时间到。

男人很开心，甚至比穿戴它们的女人更开心。

时装编辑每到此时，总会借来各品牌的比基尼拍片，挂脖式、贝壳式、文胸式……看着这些比基尼，我十分好奇它们背后的设计师性别男女。布料越来越少，越来越需要大罩杯才能撑得起来，这让诸多 C-CUP 的麻豆们感觉忐忑。亲，这是比基尼的流行趋势吗？还是男人们的伺机成全，成全彼的感观愉悦。

哈，我非女权主义者。我也颇享受看美女们穿比基尼的视觉欢乐。只是，必须承认，在审美上，男女大不同。就说摄影师吧，合作的搭档多了，我深深感觉到他们之间口味上的天差地别。纯爷们拍出的比基尼女郎，大多透着原始荷尔蒙的味道，在拍片的过程中，男摄影师会鼓励女孩们摆出各种性感、夸张的姿势，其中有些在女人眼里甚至是无脑、俗气的，可男人们却很容易达成共识。即便那些看上去多么质素优良的品味男士，面对比基尼女郎，他们往往也会和同性步调一致。野性、奔放、压抑后的爆发，直击人性的肉搏展现……是的，就差几块布，男人们在这几块布的遮掩下，表达着去掉了那几块布的作为。更何况，欲盖弥彰，和一览无余，有时候，真的是前者更吸引。

对，男人们要的是吸引。

这一点上，女摄影师似乎永远达不到。永远“败下阵来”。我的女性摄影师友人，就是F，拍片文艺，角度刁钻，构图别致而唯美，即便是比基尼片儿，也透着一股向电影大师致敬的劲儿。穿比基尼的女郎，此时不是性感尤物，更像落入凡间的精灵。同样是穿了贝壳式泳衣，即便是多么的波涛汹涌，可涂了红唇的姑娘，表达的却是自己的一份高贵，一份不屑，一份天然……这些女人们钟意的形容词，勾勒出女人们骨子里的骄傲和自我。而在男人眼里，这却是不到位的，不够本色，太布尔乔亚了……

你说，究竟什么才是比基尼的本色演出？是回归原始的自然迸发，还是那一份的清透，顽皮？

一千个人心目中有一千个哈姆雷特，一千个人心目中也一定有一千个亚当和夏娃。具体影像上的差别我不知，却可以肯定一点，男人和女人们描摹出的夏娃定然是不一样的，看她们镜头下的比基尼女郎就知道。

看过国内著名的时尚摄影师陈曼小姐为《男人装》拍的一组内衣泳装照。亲自上阵的陈小姐，要胸有胸，要臀有臀，配合她的小麦肤色，和被画粗起来的眼线，本就眼神充满狂野美的她，很像一头在荒野上奔腾的小狮。一刹那，我被女人的那份原始之美击中了。是的，狂野，肆意，销魂，赤裸裸的诱惑。

穿比基尼，是该有这种杀伤力的。不是要你罩杯有多大，甚至，你可以是平胸的，但姿态一定要够洒脱。纯粹的，原始的，人放松了，你才会和比基尼和谐统一，你们演绎出的才会是一副动人画面。当然了，还是那句话，男女大不同。或许，女人看到的更多是整体，关注了更多的内在、寓意……

男人们，却很简单，第一眼的吸引，视觉冲击。

女人们大可调侃男人的无脑，男人也可戏说女人的自以为是……无妨，却有一点是一致的，这两三块布之间的比基尼，是惺惺作态的最好杀手。你拿捏了，比基尼就给你好看，即便你是波霸，E-CUP，不自在的比基尼女人，诱惑不起来。无论你走的是狂野性感还是文艺内涵，统统不美貌。

翻杂志，突发奇想。和F盘算着：此一役，我们不在光天化日下拍片了吧，拍组夜场如何？打起灯，邀请比基尼姑娘们奔向大海，晚间的海，晚间的比基尼女郎，没了白天的羞答答，人会更本色，更肆意挥洒吧，而这，才是比基尼该有的风貌。

7.12

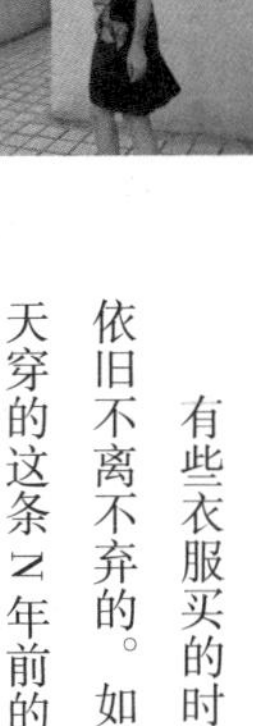

有些衣服买的时候很便宜，穿来穿去一晃好几年，却依旧不离不弃的。如此这般，应该是真爱了。就比如，今天穿的这条N年前的丝缎绿色裙。

7.16

偷得浮生半日闲。一个人，穿身休闲酗咖啡，白T恤，弹力裙。透过窗子往外看，爱泡咖啡馆的人啊，都爱这种不着痕迹小时髦。

chapter 12

我们年轻，我们漂亮，我们有理想

MY DIARY OF FASHION ATTITUDE

▸▸7.19

认识多年的廖总邀我加盟其服装团队，合力做一档阿丫系列出来。

这个提议让我很兴奋。做了这么久的时装编辑，最近一直在寻突破，却又一直无果。

廖总的提议倒让我眼前一亮。虽没学过服装设计，不会打版，不会裁剪，且还是个手工活儿奇烂无比的家伙，可我却对于这个只提想法、不动手的工作颇感兴趣，也觉得能胜任。下午见到了工作团队的其他两位成员，都是和廖总一样的高瘦型男，设计 Roy 和版师庆子，嘿，加上我这个菜鸟，感谢廖总的欣赏青睐，做阿丫系列不敢当，将自己的一些想法拿出来与团队分享，

倒是很有趣的一件事。

现在的男士很多竟比女人随和。头次会面，我即发觉他们都不是咄咄逼人的人。见惯了太多的职场女强人，和女人间的职场过招真的是累啊，突然置身一个四人团队，三位男士加上一个我，哈哈，幸福大无边。且，人家都是说话柔和。常年经受各种气焰洗礼的我，顿觉轻松了，解放区的天。

想到我这恋衣事业可以换个角度继续向前，整个人也跟着兴奋了。不想当将军的士兵不是好裁缝，说不准，哪天，我的衣裳也能在高级百货店里卖呢？哈哈，不害臊。大胆想象一番呗，想想不要钱，多想想，有益身心健康。

7.23

Roy 说，丫姐，你不必会画图懂设计，把想法说给我听好了。

那是个很 Nice 的人。不着急结婚，对于婚姻有自己的一套理解。头一次见面，即对他存了好印象。或许 F 说的对，我天生对某种怪咖有好感，太正常的人类，吸引不到我，反而是各种和大众价值观、传统思维有些偏离的人才能击中我。Roy 是一个。

和我说起他做设计的苦恼，说那些中年妇女如何看不懂他的简约风，还指手画脚强奸他的作品。这让他痛苦无比。

那就放弃她们呗！给看的懂的人做。

我可以站着说话不嫌腰疼。而对一个靠设计吃饭的人而言，这或许是不行的，起码现在的 Roy 还不行。他还不能挑客户，他那天生柔软的性格，也不擅长去反驳客户。我能想象他在那些洪水猛兽、河东狮吼面前尴尬无助的样子。每当此时，我内心里那个仗义行侠的小宇宙就跟着爆发了：Roy，再遇见那种女人，交给我。

很喜欢看 Roy 温柔的眼睛。跟他说，你有女朋友吗？做你女朋友应该不错吧，肯定不会吵架。

伏案工作时候的Roy很安静，纤瘦的他穿白色Tee，松松垮垮的。Roy调侃，虽然做设计，却很少涉足时尚生活了，一忙就是闭关好几天，且他所在的工作室，是个远离市中心的地方，有山有水有无聊，只缺时髦。

我却很喜欢这里，和没有攻击性的动物相处，可以理直气壮地把内心里的挑剔因子放大，再放大，美其名曰，这就是工作，然后，一边看 Roy 画图，一边喝我的大茶。

或许，我也可以画画？突然生出些冲动，把我爱的衣服和我爱的姑娘们画下来，Roy 画的是设计图，我画的是小丑孩系列，哈哈，之前其实画过，只是我画的姑娘总是太丑了，没法细看，却真的很享受这个过程，且不细看的话，我的小丑孩们各有各的姿态，都很酷很时髦好吧……

Roy 我要画画了，请多多指教！

Roy 笑了，眼睛里闪着欢乐的光，真干净。

好啊，一定能画好！

7.27

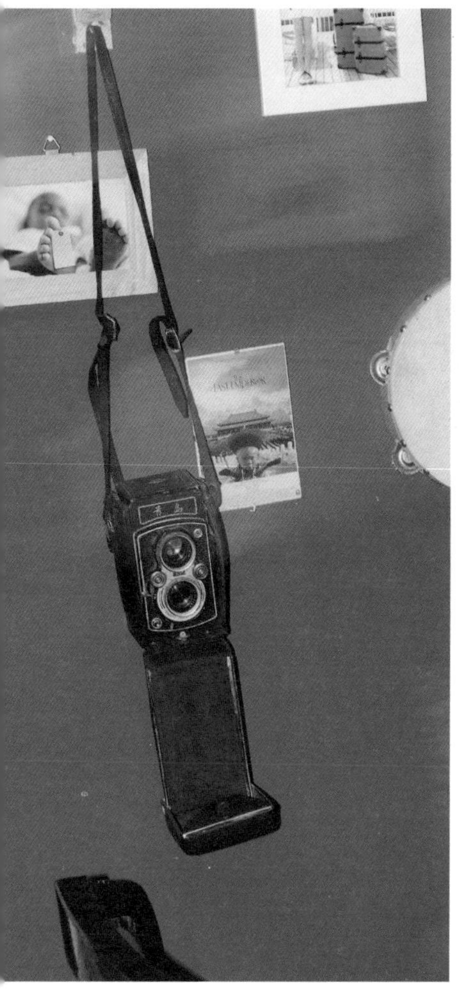

说起F，她最近恢复一个人的“单身”生活。儿子和公婆都回了内蒙老家，老公又外出公干，偌大的房子只剩她一人。久旱逢甘霖，F有些亢奋，打扫卫生，粉刷墙壁，添置家具，要不怎么总调侃她是金牌家政呢，家务活干的麻利又高质，没几天，旧貌换新颜，没几天，F就蠢蠢欲动起来，有了新规划。

去北京呆几天吧。

多热啊。

少出门就是了。

也行，正好可以会朋友。

要不，从天津去吧。没去过。

呃，确定会喜欢吗，这么热的天。

去看看吧。

好，那就走一遭。

7.29

之前来过天津，此番，在 F 的提议下旧地重游。她对这个城市有好奇，于是，我们的北上行程，多了天津这一站。

天是阴的，没有料想的闷热。我和此地也算有缘，之前因上一本时装书，结识了当地最大报馆的编辑，做专访，瞎聊天，一来二去，同是狮子座、同年生的两个人竟成了好友，也因为她，很自然地认识了当地有趣的一些人，比如那个南开英文系毕业，如今却以平面设计为正职，每周三天还跑去五星酒店当 DJ 的懿丁。

我说：懿丁，你的英文都瞎了吧。

还行吧，外网买货还行。

幽默的家伙，讲话总是调侃。却也必须承认，爱美的胖子懿丁的确是网购高手，他很会打时间差，Lanvin 近 4 万块的皮衣，他能不到 4000 拿下。

这是怎样的壮举？再看他脚上那些样子拉风、系出名门的潮牌鞋，问价钱，不超过 2000 块，再问原价，怎么也掉不下七八千吧。

这就是英文好的实惠了，国际网购无障碍，让我等英文蹩脚的人好生羡慕。

一大早，时髦的胖子懿丁穿着很骚气的一身，带我和 F 逛沈阳道。浅蓝色长袖衬衣、茄花九分裤、宝蓝色牛津鞋……不热吗，不怕碰脏吗？懿丁不接茬，哈哈，不跟农民一般见识。恰逢大集，里三层外三层的人，里三层外三层的货……两个外来户没见过这阵仗，9 点钟到此的我们，被告知其实来晚了，假如想淘到真玩意儿，需凌晨三四点钟前来，据说会有很不错的古家具。

现在这个点儿，全是假的，别当真，买点小摆件搁家使也不错。

是啊，假的也不错。更何况女人啊，淘货有时候就为个过程，看到面相有缘的，一通砍价，至于最终是赚是亏，不打紧，各自守好自己的心理底线就是了，说穿了，图个乐。

于是，当我们返程的时候，各自收获一堆的“玉珠子”。懿丁本还用他的天津话上来拦：别买，玻璃的。到最后，看出这“驷马难追”的架势，他也改口了：虽说不是玉，应该是琉璃的。

后来才知道，“琉璃”？也是玻璃啊，呵呵。

8.2

收获幸福感其实真的不难，无需向外找，把自己打理好就成了。

昨天一到北京，就领教了帝都扑面而来的热度。照例我们住在三里屯北区的公寓楼里，这样离我和 F 都喜欢的三里屯不到 2 分钟的步行路程，因贪图近，每来必住这儿。

凌晨 2 点才回来，秀是必去的地方，最近那里的乐队不错，加上周末的缘故，人爆棚。

今天出门已是中午时分，约了几年未见的朋友小色午饭。他如今已经是国内著名的时装编辑、造型师，蔡健雅等明星会请他在重要场合做造型。回想上回见，他刚出道，是个皮肤极好，笑容亲和的男生，后来熟悉了，与他聊感情，聊彼此的纠结，处女座的人啊，说起话来总让我感同身受，超贴心的一个人。

穿过三里屯的时候，Roseonly 店外大排长龙，才意识到今儿是七夕节。才意识到，原来中国人对这东方的情人节也颇感兴趣，3.3 门外的小广场上，巨型玩偶空中伫立，世界安全套日……呃，靠谱。几位穿着白色 Tee 的男孩向路人们一边发放宣传资料，一边邀请参与活动，当然了，参与者，都会收到一份小小的礼物，安全套一枚。

没有情人的情人节，却不觉得沮丧，行程排得很满，要见很多人，要叙很多旧……不禁感慨，一个人也很好啊，情感上无负累，人也欢快自在了。如此看，人要收获幸福感真的并不难，无需向外找，把自己打理好就成了。不贪心，能赚钱，要漂亮……还有，要有几个知心朋友。

至于安全套，呵呵，多谢，今天用不上。

8.6

最烦心机女，或者说，最烦表里不一的心机女。于是，殃及池鱼的，对那些看着 Level 偏低的心机符号，都很排斥。

可是，不还有那四字嘛？“女人心机”啊，说来说去，身为女子，怎会没点心机呢。女人之间的战争，唯有女人最懂得，说穿了，让我烦躁的，还是那些不大气或者端不上台面的小心机。

倒不如大方方地要手段来得豪迈，也让人服气，你说这算不算心机？不清楚。我只知道，水至清则无鱼，没了心机的人，多多少少也会缺乏另外一种魅力吧，所以心机不是坏东西，只看你去怎么要。

就比如这蕾丝。之前我会毫不留情地将其划归不入流的阵营里，避之唯恐不及，在我眼里，它和那些表里不一的小心机、小盘算一样没意思，没品格。见到那些穿着劣质蕾丝的女人们，我会很本能地皱起眉头。各位亲们，请直接说我不随和吧，无需客气，呵呵。当初的我，的确如此，不宽容，很龟毛。

我的敏感足以让我轻松松就将这毫厘之差分辨的清清楚楚。磨人又磨己。

最近却悄然发生了观念上的变化。不是说我变宽容了（尽管我一直试图这么做，可收效甚微），而是被我发现了蕾丝也有大格局。

亲，请相信我，“小家子气”的蕾丝，人家真的可以变得高大上啊，也能行出豪迈，高级的作为。

我爱那种整片大蕾丝做成的连衣长裙，无论勾勒腰线的还是波西米亚式的披披挂挂，都显出毫不掩饰的美。即便你是“羞涩”蕾丝，也自有一番的光明磊落。这是我爱的态度，于是，看到那种大开大合的大气蕾丝裙，我就心潮澎湃。

我还爱蕾丝的灵巧一抹，在一身衣装里做定配角，或者是V领处的一些点缀，或者是长裙里的一抹衬裙，外红内黑，色彩上的反差，让那黑色蕾丝衬裙，显得无比妖娆。假如说真要使所谓女人心机的话，我更赞这种，欲诉还休的迷离美，这才是高手玩家，够聪明，有智商……看的人心服口服。直赞一声：小妞，好棒！

我喜欢颜色高级的彩色蕾丝。漂亮的马卡龙粉、蒂芙尼蓝，或者柠檬黄，与其他衣服做撞色混搭，那是很柔美很风情的穿搭游戏。女人味道啊，用这漂亮到让你爱不释手的东西去表达，直接的不藏心机，或者说，直截了当诱惑你，如何？

喜欢这样的豪气，大大方方的美，蕾丝也可做到。蕾丝配蕾丝是很极致的挑战，会让人瞬间变得美轮美奂；蕾丝与条纹衬衫，或者黑色Tee搭配，则会多出一些中性帅气，无需担心美感被减淡，自会有更多一层的悠哉美感加入其中。如此看来，你瞧，蕾丝做得多么游刃有余，刚柔并济啊。至于之前的那些个排斥，果真是偏见了。

不甘俗艳的女人在对蕾丝投以青睐目光的时候，她一定是先“洗心革面”

的。那一句，做女人真好，哈哈，亲爱的你，觉得好俗气是不是。可想想看，你真的懂得做女人了吗，还是潜意识里，你那想做美好女人的心思不知在何时被绑架了，偷偷地被洗了脑，误入歧途扮男子……好没意思。

一如我爱的白光女士的歌。那个勇敢的奇女子，中音唱腔，和纤细婉转的周璇不同，却真的是毫不拿捏的撩人女人味。“如果没有你，日子怎么过，我的心也碎，我的事也不能做……”如今的女人，有几个会好意思、不隐不藏地说出这样一句啊。做女人，听听白光，多少会开得些窍了。

8.8

帮我办过读者见面会的良友书坊要做八周年庆祝活动。锁定的着装主题是请到场好友穿起八年前的衣服，或者是穿出当年的风格，以兹纪念自己一晃而过的青春。

翻了半天旧照，八年前，我是长发，我刚做杂志，我是初出茅庐的时装编辑，我穿戴非常女人味。Ryan看到那些旧照片，说：当年多温顺啊……现在，挺高级精英的，可就是难嫁！！！

知道Ryan嘴巴有多毒又有多甜蜜，后半句是真话，很犀利，前半句只是顺带附赠的一枚甜枣。

以前听着会心里起波动，最近却习惯了，只悠悠地说一句：那时都没嫁得出去，现在就更不着急了……

照片上的自己，戴着便宜的珍珠项链，穿丝绒开衫，卡其色铅笔裙，那是刚做摄影师的F给我拍的早期作品，镜头中的我，很温和，很拿捏，很甜美，很安静的样子……

都是假象啊！F的镜头是会骗人的。Ryan说，如今还能这么自我感觉良好地单着，都怪F，让我们看不清楚自己，觉得还拿得出手，当然就不着急甩卖出货了！

哈哈，是，都怪F。

庆祝活动还有一环节，是请几位有资历、风格各异的男女嘉宾一起回首八年前的自己和生活，Ryan是其中一位，还有一位是能书会画的才女阿占。近来几次见她，状态超好，大有逆生长之势。同是单身女子的她，最近很喜欢读芒克的那首诗：我们年轻，我们漂亮，我们有理想……好吧，朝气蓬勃的女艺术家，是早晨八九点钟的太阳，给我们做了一个近旁的好榜样。

有时静心想，每个人的确都有不同的生活方式。不同世界的人看着不同的对方，也都会升出不同程度的奇怪和不解。身处其中的时候，我们往往会难耐心中肿胀，去辩解，去抗争，说人又说己……只有在兜兜转转一圈或者几圈之后，才不得不承认，真的是无法改变对方啊，当然也无法奢望对方能懂得自己。

平凡的我们所能做的，或许只有虔诚的、谦虚的，不拿自己的标尺去衡量别人，同时尽量保有自己的底色。

无论你是单身或者已婚，无论你是重精神还是重利益……没有对错，不分高下。不同底色的人所要走的路都不同，但凡去肆意评论的，都是有些的狂妄了。

阿占说，8年前是她状态最好的时候。虽然现在也不错，甚至更加的安稳、自信。而那时，去欧洲游离，看到满眼的精彩；决定了要到香港读书，卸去厌倦多时的繁复庸常；至于爱情，也在向她招手……那是充满着诸多希望和可能的时光，意气风发的女子，浪漫执着的人，遂又想起阿占念出那句诗的神情：我们年轻，我们漂亮，我们有理想……欢快且骄傲。

当年的衣裳早已寻不着了，如今再也不穿那种裹在身上的裙子，觉得束缚啊。却忽然想，或许是自己太固执了？隐隐地感到一种思维定势在作祟，换换风格也 OK 吧，谁说我就要一成不变了。

于是，兴冲冲地，买下这条已经许久不碰的条纹鱼尾裙，虽然是曼妙鱼尾，好在有运动元素参合其中，搭一件欧根纱花朵上衣，嘿，挺喜欢镜子里的自己。

喊 F 赶紧拍个照，不管是真实还是假象。我认定，镜头下的，就是真的，有图有真相。

那话说得多好啊：我们年轻，我们漂亮，我们有理想……

8.13

阿丫

参加女友的养生馆开幕礼，穿起这身葱心绿……被夸一声“小姐好白”，瞬时就心花怒放了。

1分钟前

8.19

情不知所起，一往而深。

汤显祖，《牡丹亭》，看此句，我怔住。

心里悠悠然，混沌着，温情着，有期许……

你相信一见钟情吗。男人大都不信，女人却相反。是的，我信，只是，它不见得只是“一见”，或许，是一句低语，一声调侃，手一扶，腰一个不经意地弯下……情不知所起，然后，就一往而深了。

我问女友 Rachel，会一辈子恋爱吗？

当然会。Rachel 一个轻笑，回应我。

那是个能干且多情的双子座。不是大美女，却很懂得如何做女人。

二十几岁的时候还好吧，年纪大了，还容易心动，挺尴尬的事儿吧？

怎么会，反正我会一辈子谈恋爱。

“男人能够给女人的最好的东西，不是钱，一个是身体，一个是智商。”这是 Rachel 的男人告诉他的，聪明的 Rachel 深以为然。她不缺钱，她自己就会挣钱。而一个男人的体力和才情，才是让她着迷的东西。或者说，Power。本能的体力，长远持久的才情。

尽管，停船上岸的周迅同学说，当下的爱情，不再那么看重才华。

看重什么，是朝夕相处，安稳踏实的温暖感吗？稳稳的幸福，如今的我，也觉得挺迷人。

朋友微信里说，做事讲态度，恋爱讲诚信，两样你都做不到？还是洗洗睡吧。

愈发觉得，那些不敢在爱情里讲诚信的人很没种，是觉得自己花心烂漫、魅力十足吗？这样的时代，不靠谱已经是通病，我反倒觉得敢于认真谈恋爱的人，有胆量。

连认真都不敢，你还敢什么呢？

我错愕于自己会向Rachel问出那样的问题，很不像我，却是当下的真心。

看出自己今天情绪不太对。庸人自扰加缠绵傲娇。不就是过个生日嘛，有什么大不了。呵呵，819，一早发这许多的感慨。不知是因为特殊日子的特别敏感，还是与昨晚的那段深谈有关。一个相识多年的人，却从未真正地聊过，因近期的合作，约了见面，突然发现有些东西，触到了，欣喜又惊慌。

于是，我这好胡思乱想的恶习就跟着跑出来了。快拉倒吧，默念四字：活在当下。穿起一身很不像生日时候的衣服，灰衫黑裙，宝石耳环做点缀，踩上我的千年不变高跟鞋，去赴生日趴。衣服是会传情的。即使不张扬，有心的，自然懂得，一说，便俗了。

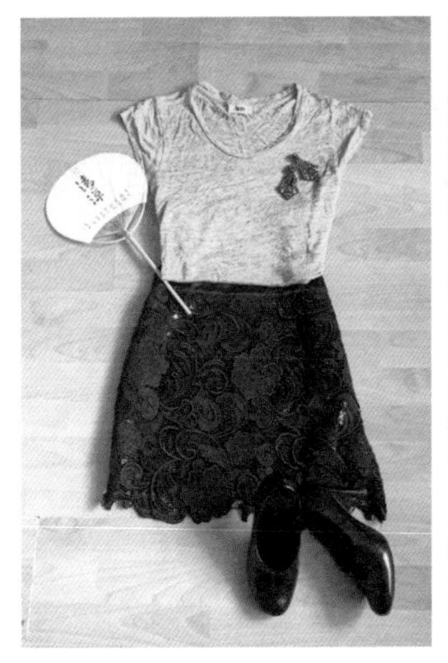

衣服是会传情的。即使不张扬。
有心的，自然懂得，一说，便俗了。

瞧，还真是傲娇的不行。

各位，是说分手的时候了。谢谢这整一年的陪伴，去年此时到今天，拍满我四季行装。重新回到起点，一切仿佛并未发生太多变化，我依然无男友，依然满室衣服，依然还是那几个死党，依然没有攒下什么钱。却也有了一些不同，酝酿着一些形形色色的可能……我是个迷恋可能性的人，套用《肖申克的救赎》里的话，希望是个好东西……望你我永葆这个好东西。

嗨，这一天，我又长一岁，Happy Birthday。

MY · DIARY

OF FASHION

ATTITUDE